盒子甜點

〈分層全圖解〉

BOTTLE DESSERT

PREFACE

各位讀者好，我是張恩英。自從《達克瓦茲》和《磅蛋糕》出版後，隔了好長一段時間，終於再次拿著新書《盒子甜點》來跟各位見面了。這段期間，我成為了一位孩子的母親。（我的天啊！）

收錄在本書裡的「義式奶酪」系列甜點，不僅很適合大人，連我現在超過一歲半的女兒——小春天也很喜歡吃，因此特別想介紹給各位。這款甜點不含添加物，僅使用單純的幾種食材製成，搭配上豐盛的當季水果，可以非常放心地製作給小孩們吃。

每次我在籌備新書的時候，「實際上製作起來很簡單、任何人都可以享用的甜點」是我最常研究和重視的部分，目的就是希望食譜書不要變成只能用眼睛欣賞的書。「盒子蛋糕」的優點就在於「任何人都可以輕鬆製作」。即使在製作過程中，鮮奶油的濃度稍微稀了一點、蛋糕體稍微有點變形……像這種程度的失誤都可以被掩飾，可說是一款心胸寬闊的甜點。因此，不需要害怕失敗，請帶著輕鬆的心情來嘗試看看吧！

本書的食譜大部分都是在「Cafe Jangssam」咖啡甜點店實際販售或曾經販售過的品項，以及我在烘焙課上曾經教學過的食譜。只要熟習基本的製作，以此為基礎再彈性運用，就能變化出多種風味。書中也會不時提醒一些「製作小祕訣」，實用度很高。這些食譜都是大受好評的甜點，因此，不僅很適合經營店面的人使用，對於家庭烘焙者而言，也是一個可以親手製作看看甜點店招牌品項的好機會。

「如果我是初學者，會遇到什麼狀況呢？」我懷抱這般的心情，毫不藏私地努力將我所學與經歷的一切融入書中。希望這份努力能觸動各位讀者。我以前會將喜歡的食譜書一翻再翻、直到紙張磨破為止；同樣地，期盼本書也能成為各位一再閱讀的書籍。

再次向總是安撫進度緩慢的我並且耐心等待的「The Table」代表、「Cafe Jangssam」的職員們，以及我的家人們（包含每當我在寫原稿時，都會爬上筆記型電腦的小春天），傳達愛與感謝的心意。

張恩英

CONTENTS

INTRODUCTION
BEFORE BAKING ● 開始烘焙之前

PART 1
BOTTLE PUDDING ● 義式奶酪杯

PART 2

BOTTLE CAKE ● 盒子蛋糕

PART 3

BOTTLE BEVERAGE ● 瓶裝飲品

INTRODUCTION

BEFORE
BAKING

開始烘焙之前

―(本書的使用方法)―

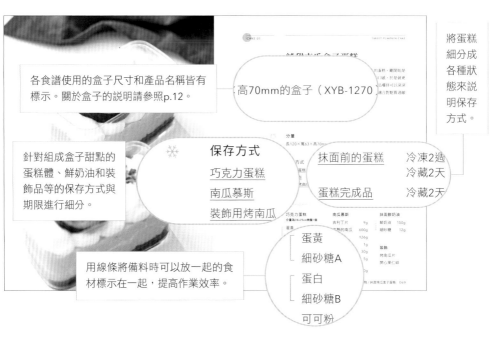

各食譜使用的盒子尺寸和產品名稱皆有標示。關於盒子的說明請參照p.12。

針對組成盒子甜點的蛋糕體、鮮奶油和裝飾品等的保存方式與期限進行細分。

用線條將備料時可以放一起的食材標示在一起，提高作業效率。

將蛋糕細分成各種狀態來說明保存方式。

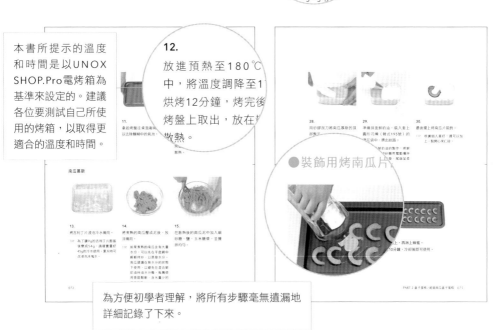

本書所提示的溫度和時間是以UNOX SHOP.Pro電烤箱為基準來設定的。建議各位來測試自己所使用的烤箱，以取得更適合的溫度和時間。

為方便初學者理解，將所有步驟毫無遺漏地詳細記錄了下來。

盒子蛋糕
的販售

本書所介紹的「盒子蛋糕」系列甜點，大多是先用鮮奶油抹面後，再放上水果或裝飾食材來收尾，不需要蓋蓋子，可以直接放在甜點展示櫃販售。如同圖示一般，書中每個食譜的配方分量都設定成「將盒子裝得滿滿的」。各位可以自行根據實際所使用的盒子尺寸來調整配方，也可以將配方分量縮減到可以蓋上蓋子的程度。

本書所使用的
蛋糕烤盤

烘烤「盒子蛋糕」的蛋糕體時，經常會使用大烤盤，再按使用的盒子尺寸做切割。下列介紹書中食譜常用的兩種烤盤。各位可以使用尺寸相符的烤盤或者自己既有的烤盤，再搭配烤盤的尺寸來調整配方。

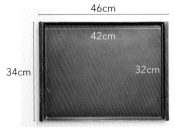

烤箱用烤盤

● 本書使用的是UNOX烤箱用烤盤。

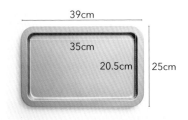

大創烤盤

● 價格低廉，而且若使用這個尺寸的烤盤來烘烤蛋糕體，蛋糕體的損失較少，也是我經常使用的產品。

選購盒子容器

市面上販售的盒子甜點有各式各樣的形狀和尺寸。本書比起展示各種款式的盒子，只以容易購買的四種容器為基準來製作，不僅可以幫助在販售盒子甜點的讀者提高作業時的產量和效率，對於家庭烘焙的讀者也可以減少需要購買各種款式盒子的負擔。

當然，即使沒有使用書中提及的盒子也沒關係。各位可以根據自己想要的盒子尺寸來調整配方，或者使用家中常用的烤模來製作。

下列介紹的是本書中所使用的四種盒子。以我購買盒子的網站（새로피엔엘：www.saeropnl.com/shop）為標準，將產品規格、名稱等資訊撰寫如下，做為參考，各位可以在烘焙材料行或是販售烘焙道具、包材等網路商店上來尋找與購買。

購買來的盒子請記得先清洗乾淨，自然晾乾後再使用。

1　尺寸　　　　底部直徑50×杯口直徑76×高70mm
　　搜尋關鍵字　150cc PS杯、無花紋的甜點杯

2　尺寸　　　　長120×寬63×高70mm
　　搜尋關鍵字　XYB-1270（產品名稱）、方形餅乾容器、盒裝蛋糕
　　　　　　　　容器、塑膠長方形餅乾容器

3　尺寸　　　　直徑70×高80mm
　　搜尋關鍵字　圓形餅乾容器

4　尺寸　　　　長85×寬85×高63mm
　　搜尋關鍵字　XYB-305（產品名稱）、方形餅乾容器、提拉米蘇容
　　　　　　　　器、塑膠正方形餅乾容器

認識吉利丁

吉利丁分成吉利丁片與吉利丁粉，本書食譜使用的是「吉利丁片」。將吉利丁片浸泡冷水後，再將水分擰乾、加熱溶解後使用。浸泡的水溫、浸泡時間和擰出的水分多寡，都會影響到吉利丁片的含水量，因此每次甜點製作出來的口感都會有些微不同。一般來說，是按照吉利丁片的重量，浸泡在該重量5～6倍的冷水中使其膨脹（本書食譜都浸泡於5倍的水量中）。因此，每次都要先測量吉利丁片和冷水的重量，並確認吉利丁片是否有膨脹到浸泡之前重量的6倍後再行使用。

ex) 假設1片吉利丁片的重量為2g
吉利丁片（2g）+5倍的水（10g）=浸泡後膨脹的吉利丁片重量（12g）

吉利丁片在高溫下溶解時，凝結力會減弱，有可能會產生異味。因此，泡水後要使用時，建議以60～70℃左右的水隔水加熱來溶解，或在微波爐中以每次10秒的方式間歇性地加熱溶解。

若使用的是吉利丁粉，則可以提前製作成「吉利丁塊」以方便使用。「吉利丁塊」的製作方式是將吉利丁粉溶解於吉利丁粉5～6倍分量的溫水中，待凝固後，再按照食譜所需的分量秤重後使用。

ex) 假設食譜配方所需的吉利丁分量為2g，則使用12g的吉利丁塊
吉利丁粉（2g）+5倍的水（10g）=吉利丁塊（12g）

使用吉利丁塊的優點在於可以精準地調整水量，製作出來的產品品質較為一致。如果是經常需要使用吉利丁的營業場合，建議事先製作吉利丁塊，保存於冰箱中（可以冷藏保存1週），需要時再拿出來使用，此方法較為方便。吉利丁片與吉利丁粉的成分沒有差異，都是從富含膠原蛋白的動物皮或骨頭提煉取得的膠質。不過，吉利丁粉的純度比較高，若使用3g的吉利丁片，建議只要使用2g的吉利丁粉即可（2/3的用量）。

PART
1

BOTTLE
PUDDING
義式奶酪杯

PANNA COTTA

BASIC

經典義式奶酪杯

義式奶酪（Panna cotta）是一個食材簡單、不需要烤箱，任何人都可以輕鬆製作出來的純味甜點。「Panna」的意思是「鮮奶油」，「Cotta」的意思則是「烹調」、「煮熟」。從字面解釋，「Panna cotta」就是指「煮過的鮮奶油」。製作上可以自由運用不同的食材、配料，一年四季都能呈現出各種不同的風味，是一款超棒的甜點。以本書介紹的食譜配方為基準，若增加牛奶的比例，味道會更輕爽一些；若增加鮮奶油的比例，味道則會變得更濃郁。因此，各位可以按照個人喜好來調整。當然，甜度也可以透過細砂糖的分量來調整，口感則可以透過吉利丁的分量來調整。香甜的味道加上滑順的口感，不論是大人還是小孩，都會忍不住稀哩呼嚕吃光光。

分量
底部直徑50×杯口直徑76×高70mm的杯子（150cc PS塑膠杯）10個

保存方式

原味義式奶酪　　　　　冷藏3天

加上水果的義式奶酪　冷藏1天

*冷凍過的奶酪，在退冰的過程中口感會變得粗糙，因此不推薦冷凍保存。

Ingredients

原味義式奶酪		裝飾
吉利丁片	11g	各種水果
鮮奶油	465g	
牛奶	465g	
細砂糖	105g	
香草莢	1/4根	

1.

將吉利丁片浸泡冷水備用。

TIP　為了讓11g的吉利丁片泡水膨脹後變成
66g，請量好55g的冷水使用。夏天時請
將吉利丁片浸泡在冰塊水中。

2.

將鮮奶油、牛奶、細砂糖和香草莢一起
加進鍋中，以中火加熱。

TIP　將香草莢縱向剖半，刮出香草籽，再將
香草籽連同外莢一起使用（香草外莢也
可以省略不用）。也可以使用紅茶、香
料或咖啡粉取代香草莢加進去熬煮，製
作成各式各樣的風味。

3.

以耐熱矽膠刮刀輕輕攪拌，使細砂糖溶
化，加熱至60~70℃左右，關火。

4.

接著加入軟化、膨脹的吉利丁片，以刮
刀攪拌使其溶化。

5.

等吉利丁片全都溶化後，再用篩網將義
式奶酪液過篩。

6.

下方墊著裝滿冰塊水的調理盆降溫，以
刮刀慢慢攪拌，冷卻至30℃以下。

7.

以150ml的杯子為基準，每個杯子裝入
100g的原味義式奶酪，然後冷藏至凝
固，至少需要大約3個小時。凝固後，再
自由放上自己喜歡的水果即完成。

TIP　在店裡販售時，為了提高效率，有時會
　　　一次做好2～3天的銷售分量，然後冷藏
　　　保存，需要時再將原味義式奶酪放上水
　　　果，即可快速提供給顧客享用。

將各種當季水果加進義式奶酪中，
製作出豐富多元的風味。

STRAWBERRY PANNA COTTA

草莓義式奶酪杯

在原味義式奶酪中加入覆盆子庫利和滿滿的新鮮草莓，創造出截然不同的口味與口感。庫利（Coulis）經常被使用在法式甜點中，把它想成是用水果或蔬菜製成的濃稠醬汁就好了。可以使用其他口味的果泥來取代覆盆子果泥製成庫利，再放上與庫利很搭的新鮮水果，自由變換成各種風味。在品嚐鋪上一層庫利的義式奶酪時，可以將湯匙深入杯子底部，將庫利、原味義式奶酪和新鮮水果一口氣挖起來吃，這是最美味的吃法。

分量

底部直徑50×杯口直徑76×高70mm的杯子（150cc PS塑膠杯）10個

保存方式

原味義式奶酪	冷藏3天
覆盆子庫利	冷凍2週
加上水果的完成品	冷藏1天

Ingredients

原味義式奶酪（作法參考p.21）		覆盆子庫利		裝飾
吉利丁片	11g	覆盆子果泥	180g	草莓
鮮奶油	465g	玉米糖漿	10g	食用香草
牛奶	465g	轉化糖漿	15g	
細砂糖	105g	細砂糖	18g	
香草莢	1/4根	NH果膠	1g	

*此配方以NH果膠1g的量來設計，沒有微量電子秤也能方便計算。庫利需要熬煮較久，為避免揮發，建議做得略多於需要量，按照此食譜使用的杯子尺寸，大約可做13杯。

覆盆子庫利

1.

將覆盆子果泥、玉米糖漿和轉化糖漿加進鍋中，以中火加熱，同時用耐熱矽膠刮刀持續攪拌。

TIP 可以使用水蜜桃果泥、櫻桃果泥、芒果果泥或者杏桃果泥等來取代覆盆子果泥，製作成其他風味。如果沒有轉化糖漿，也可以用玉米糖漿來替代。

2.

加熱至鍋子邊緣全面起泡沸騰時，將事先混合好的細砂糖和NH果膠慢慢倒入。

TIP NH果膠遇到水分時很容易結成一塊，可以先將果膠混合細砂糖後再倒入。

3.

使用刮刀攪拌，加熱30秒左右，直到質地產生一定程度的濃稠度為止。

TIP 加熱至使用刮刀去劃過鍋底時，可以看見醬汁分開、鍋底露出的程度。

4.

下方墊著裝滿冰塊水的調理盆降溫，以刮刀持續攪拌，使其冷卻至30℃以下。

TIP 可以先一口氣將庫利大量製作好，然後按照每次製作所需的分量進行小袋分裝、冷凍保存。在每次需要的時候取出退冰，使用起來更為方便。

組合裝飾

5.

以150ml的杯子為基準,每個杯子裝進15g的覆盆子庫利,然後放進冷凍庫冷凍至凝固。

TIP 覆盆子庫利要確實結凍,倒入原味義式奶酪時才不會混雜在一起。若將庫利單獨加進杯中、冷凍凝固,則可在冷凍庫保存2週左右。

6.

在每個結凍的覆盆子庫利上方,各裝入提前製作好的100g原味義式奶酪(30℃以下),冷藏3小時以上至凝固。

TIP 使用開口有一側尖尖的計量杯,就可以乾淨俐落地盛裝、不會灑出來。

7.

放上切成適當大小的草莓即完成。

TIP 可以按照個人喜好,再放上各種食用香草來裝飾。

MANGO
PANNA COTTA

芒果義式奶酪杯

這一款是在原味義式奶酪中加入混合新鮮芒果的芒果庫利（coulis）所製成。作法可以像前面介紹的草莓義式奶酪一樣，將庫利鋪在杯子底部，也可以像這道食譜一樣，將庫利和新鮮水果攪拌在一起，放在原味義式奶酪最上方。尤其如果是用切開後容易變色（褐變）的水果，如芒果、水蜜桃和香蕉等，將它們與庫利攪拌在一起，視覺上看起來會更加鮮豔欲滴。也建議使用自己喜歡的果泥替代芒果果泥來製作庫利，再混合與庫利相搭的新鮮水果，變換出多種風味。

分量

底部直徑50×杯口直徑76×高70mm的杯子（150cc PS塑膠杯）10個

保存方式

原味義式奶酪	冷藏3天
芒果庫利	冷凍2週
加上水果的完成品	冷藏1天

Ingredients

原味義式奶酪（作法參考p.21）		芒果庫利		裝飾
吉利丁片	11g	芒果果泥	270g	食用香草
鮮奶油	465g	玉米糖漿	15g	
牛奶	465g	轉化糖漿	15g	
細砂糖	105g	細砂糖	15g	
香草莢	1/4根	NH果膠	1.5g	
		芒果	適量	

芒果庫利

1.

將芒果果泥、玉米糖漿和轉化糖漿加進
鍋中,以中火加熱,同時用耐熱矽膠刮
刀持續攪拌。

TIP 如果沒有轉化糖漿,也可以用玉米糖漿
來替代。

2.

加熱至鍋子邊緣全面起泡沸騰時,將事
先混合好的細砂糖和NH果膠慢慢倒入。

TIP NH果膠遇到水分時很容易結成一塊,可
以先將果膠混合細砂糖後再倒入。

3.

使用刮刀攪拌,加熱30秒左右,直到質
地產生一定程度的濃稠度為止。

TIP 加熱至使用刮刀去劃過鍋底時,可以看
見醬汁分開、鍋底露出的程度。

4.

下方墊著裝滿冰塊水的調理盆降溫,以
刮刀持續攪拌,使其冷卻至30℃以下。

TIP 可以先一口氣將庫利大量製作好,然後
按照每次製作所需的分量進行小袋分
裝、冷凍保存。在每次需要的時候取出
退冰,使用起來更為方便。

5.

將切成適當大小的芒果加進去攪拌。

組合裝飾

6.

拿出提前製作好的義式奶酪（作法參考 p.22-23）。

7.

放上混合新鮮芒果的芒果庫利即可。

TIP 可以按照個人喜好，再放上食用香草來 裝飾。

使用各式各樣口味的果泥（purée），
再搭配跟果泥味道很契合的水果，
就可以自由調配成風味多元的庫利（Coulis）。

PUDDING 04.

GRAPEFRUIT & EARL GREY PANNA COTTA

葡萄柚格雷伯爵茶義式奶酪杯

原本要加在原味義式奶酪中的香草莢，用煮過的格雷伯爵茶葉來取
代。味道微微苦澀的葡萄柚和格雷伯爵茶的味道非常搭配。也可以試
著使用咖啡粉或香草類等經由加熱後會散發出更好風味的食材來替代
格雷伯爵茶葉，自由調製出各種喜歡的味道。

分量

底部直徑50×杯口直徑76×高70mm的杯子（150cc PS塑膠杯）10個

保存方式

格雷伯爵茶義式奶酪　　冷藏3天
加上水果的完成品　　　冷藏1天

Ingredients

格雷伯爵茶義式奶酪

吉利丁片　　　13.5g

鮮奶油　　　　580g

牛奶　　　　　580g

細砂糖　　　　131g

格雷伯爵茶葉　35g

裝飾

葡萄柚

食用香草

格雷伯爵茶義式奶酪

1.

將吉利丁片浸泡冷水備用。

TIP 為了讓13.5g的吉利丁片泡水膨脹後變成
81g，請確實量好67.5g的冷水使用。夏
天時請改浸泡在冰塊水中。

2.

將鮮奶油、牛奶和細砂糖加進鍋中，以
中火慢慢攪拌使細砂糖溶化，同時加熱
至60～70℃。

3.

接著加入軟化、膨脹的吉利丁片，以刮
刀攪拌使吉利丁片溶化。

4.

關火後，加入研磨過的格雷伯爵茶葉，
充分拌勻後浸泡20分鐘左右。

TIP 這裡使用的是英國泰勒茶約克夏金
牌紅茶（TAYLORS OF HARROGATE
YORKSHIRE GOLD）。比起直接使用格
雷伯爵茶葉，先研磨成細碎後再泡入，
香氣會更加濃郁。

5.

用濾紙或棉布過濾茶葉。

TIP 使用刮刀按壓,將格雷伯爵茶葉含有的
全部水分都擠出來。

6.

下方墊著裝滿冰塊水的調理盆降溫,以
刮刀慢慢攪拌,使其冷卻至30℃以下。

組合裝飾

7.

以150ml的杯子為基準,每個杯子裝入
110g的格雷伯爵茶義式奶酪(30℃以
下),冷藏3小時以上至凝固。

8.

放上果皮清理乾淨的葡萄柚即完成。
(參考p.97)

TIP 可以按照個人喜好,再放上食用香草來
裝飾。

FIG &
CARAMEL
PANNA COTTA

無花果焦糖義式奶酪杯

將細砂糖煮至焦糖化後、混合鮮奶油製成的焦糖,拌入原味義式奶酪
中,製作成口感甜蜜的奶酪。上層的裝飾部分,可以嘗試在4～6月時
放上水蜜桃、7～9月時放上無花果,使用與焦糖風味很相配、新鮮且
甜度高的當季水果來完成。

分量

底部直徑50×杯口直徑76×高70mm的杯子(150cc PS塑膠杯)10個

保存方式

焦糖義式奶酪	冷藏3天
加上水果的完成品	冷藏1天

Ingredients

焦糖 ●		焦糖義式奶酪		裝飾
細砂糖	80g	吉利丁片	11g	無花果
鮮奶油	80g	鮮奶油	465g	食用香草
		牛奶	465g	
		細砂糖	90g	
		焦糖(義式奶酪專用)●	80g	
		焦糖(醬汁專用)●	50g	

焦糖

1.

將細砂糖加進鍋中加熱。

TIP　若製作量超過此配方兩倍時，不要將細
　　砂糖一口氣倒入，而是分批倒入鍋中加
　　熱。第3步驟要使用的鮮奶油，在此時要
　　提前加熱。

2.

邊旋轉鍋子邊加熱至顏色呈現棕色，留
意不要讓鍋子邊緣的細砂糖焦掉。

3.

等待細砂糖全都融化、開始煮滾出金黃
色泡沫時，再慢慢倒入加熱至溫熱的鮮
奶油，同時用刮刀快速攪拌。

TIP　這時候的溫度很高，請留意不要被倒入
　　鮮奶油時產生的水蒸氣燙傷。

4.

完成後，將80g的焦糖用來製作義式奶
酪，其餘的作為焦糖醬使用。

TIP　讓義式奶酪專用焦糖維持溫熱狀態，最
　　後裝飾用的焦糖醬則冷卻至冰涼狀態。

焦糖義式奶酪

5.

將吉利丁片浸泡冷水備用。

TIP　為了讓11g的吉利丁片膨脹後變成66g，
　　　請確實量好55g的冷水使用。夏天時請將
　　　吉利丁片浸泡在冰塊水中。

6.

將鮮奶油、牛奶和細砂糖加進鍋中，以
中火加熱。

7.

以耐熱矽膠刮刀慢慢攪拌，使細砂糖溶
化，同時加熱至60～70℃左右。

8.

將步驟4溫熱狀態的80g焦糖（義式奶酪
專用）加進去攪拌。

9.

接著加入軟化、膨脹的吉利丁片，以刮
刀攪拌，使吉利丁片溶化。

10.

將義式奶酪液過篩後，下方墊著裝滿冰
塊水的調理盆降溫，以刮刀慢慢攪拌，
使其冷卻至30℃以下。

11.

以150ml的杯子為基準，每個杯子裝進
110g的焦糖義式奶酪（30℃以下），冷
藏3小時以上至凝固。

組合裝飾

12.

在凝固的焦糖義式奶酪上方，每一杯各
擠上步驟4的5g焦糖醬。

13.

滿滿地擺上切成適當大小的無花果。

TIP 可以用桃子代替無花果，跟焦糖的味道
也很搭。另外，按照個人口味喜好，還
可以放上各種食用香草來裝飾。

CHERRY & PISTACHIO PANNA COTTA

櫻桃開心果義式奶酪杯

以香氣濃郁的開心果和滋味清爽的櫻桃完美結合而成的奶酪。可以使用不同口味的堅果醬或帕林內來取代開心果醬。每個品牌的堅果醬或帕林內的味道、顏色都不一樣，建議親自試吃後，再根據個人的喜好來使用。

分量

底部直徑50×杯口直徑76×高70mm的杯子（150cc PS塑膠杯）10個

保存方式

原味義式奶酪	冷藏3天
開心果義式奶酪	冷藏3天
加上水果的完成品	冷藏1天

Ingredients

開心果 & 原味義式奶酪		裝飾
吉利丁片	11g	櫻桃
鮮奶油	465g	
牛奶	465g	
細砂糖	105g	
開心果醬	100g	

開心果&原味義式奶酪

1.

將吉利丁片浸泡冷水備用。

TIP 為了讓11g的吉利丁片膨脹後變成66g，請確實量好55g冷水使用。夏天時請改浸泡在冰塊水中。

2.

將鮮奶油、牛奶、細砂糖加進鍋中，以中火加熱。

3.

以耐熱矽膠刮刀輕輕攪拌，使細砂糖溶化，加熱至溫度達60～70℃左右。

4.

加入泡水後軟化、膨脹的吉利丁片，以刮刀攪拌，使其溶化。

5.

等吉利丁片全都溶化後，用篩網過篩，再將奶酪液平均分裝進兩個調理盆中。

TIP 一個用來製作開心果義式奶酪，另一個則用來製作原味義式奶酪。

6.

將開心果醬拌入其中一個調理盆中，再於下方墊著裝滿冰塊水的調理盆降溫，以打蛋器慢慢攪拌，使其冷卻至30℃以下。

TIP 使用室溫狀態的開心果醬會比較容易攪拌。

組合裝飾

7.

以150ml的杯子為基準,每個杯子裝進60g的開心果義式奶酪(30℃以下),冷凍30分鐘左右至凝固。

TIP 請留意不要冷凍太久導致奶酪結冰。結凍過的奶酪退冰後,口感可能會變得粗糙。

8.

另一個裝原味義式奶酪的調理盆下方也墊著裝滿冰塊水的調理盆降溫,一邊以刮刀慢慢攪拌,使其冷卻至30℃以下。

9.

在凝固的開心果義式奶酪上方放入原味義式奶酪(30℃以下,每杯裝入50g)後,冷藏1小時以上至凝固。

TIP 開心果義式奶酪要凝固到一定程度,才不會跟原味義式奶酪混合在一起,能夠製作出鮮明的層次。

10.

放上滿滿的去籽對切櫻桃,正上方再放一顆有梗的櫻桃做裝飾即完成。

TIP 可以用覆盆子替代櫻桃,與開心果義式奶酪的味道也很搭。

水果義式奶酪的銷售訣竅

原味義式奶酪可以在冰箱裡冷藏保存3天，因此可以事先製作大量的義式奶酪作為
基底，在販售前夕或者食用之前，再與新鮮水果或水果庫利做組合即可。但義式奶
酪若先經過冷凍再退冰，口感會變差，因此不推薦冷凍保存。至於各口味的義式奶
酪、庫利、放上水果的完成品等詳細的保存方法，請參考各個食譜。

PART
2

BOTTLE

盒子蛋糕

CAKE

SWEET PUMPKIN
CAKE

純甜南瓜盒子蛋糕

這是「Cafe Jangssam」咖啡甜點店中販售資歷最久的蛋糕。剛開始是以切片蛋糕的形式來販售，後來想要製作成更柔軟的口感，於是就更換成裝在盒子裡的型態。蛋糕裡沒有添加太多食材，品嚐時可以深深地感受到南瓜天然的甜味。由於沒有添加麵粉，也是適合對麩質過敏者或需要控制飲食的人食用的「無麩質甜點」。

分量

長120×寬63×高70mm的盒子（XYB-1270）6個

保存方式

巧克力蛋糕	冷凍2週	抹面前的蛋糕	冷凍2週、冷藏2天
南瓜慕斯	當日用完		
裝飾用烤南瓜	冷凍2週	蛋糕完成品	冷藏2天

Ingredients

巧克力蛋糕
分量為39x25cm烤盤1個

蛋黃	66g
細砂糖A	30g
蛋白	144g
細砂糖B	60g
可可粉	18g
融化黑巧克力	24g
(VALRHONA CARAIBE 66%)	

南瓜慕斯

吉利丁片	9g
煮熟的南瓜	600g
細砂糖	126g
鹽	1g
玉米糖漿	30g
金色蘭姆酒 (BACARDI)	5g
鮮奶油	300g

抹面鮮奶油

鮮奶油	150g
細砂糖	12g

裝飾

烤南瓜片
開心果仁碎

巧克力蛋糕

1.
將蛋黃、細砂糖A加進調理盆中，以電動攪拌器高速打發，直到出現白色的泡沫。

2.
將蛋白、一部分的細砂糖B加進另一個調理盆中，以高速打發。

3.
將剩餘的細砂糖B分成2～3次倒入，同時以高速打發。

4.
打發至舉起電動攪拌器時，蛋白霜的尾端呈現短短的挺立狀態即可結束。

5.
將可可粉加進步驟1，輕柔攪拌至粉末完全融入。

TIP　用刮刀從調理盆底部由下往上翻拌麵糊。

6.

將融化的黑巧克力（約50℃）加入麵糊中，迅速攪拌均勻。

TIP 將黑巧克力以微波或隔水加熱方式融化後，盡快拌入麵糊中，如果攪拌的時間太長，黑巧克力可能會凝固，導致麵糊中出現小塊狀物質。

7.

將步驟4的一半蛋白霜加入步驟6中，用刮刀將麵糊從調理盆底部往上翻起來拌勻。

TIP 以不斷從底部往上翻的方式拌勻，避免大力攪拌導致蛋白霜消泡。

8.

加入剩餘的蛋白霜，一樣將麵糊從調理盆底部往上翻起來拌勻。

9.

將烘焙紙鋪在烤盤上。

  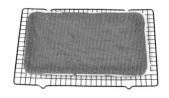

10.
將麵糊快速、均勻地鋪在烤盤上，不要讓麵糊凹陷。

11.
拿起烤盤往桌面敲兩三次，以去除麵糊中的氣泡。

12.
放進預熱至180℃的烤箱中，將溫度調降至170℃、烘烤12分鐘，烤完後立刻從烤盤上取出，放在散熱架上散熱。

南瓜慕斯

13.
將吉利丁片浸泡冷水備用。

TIP　為了讓9g的吉利丁片膨脹後變成54g，請確實量好45g的冷水使用。夏天時可改浸泡冰塊水。

14.
將煮熟的南瓜壓成泥後，放涼備用。

TIP　如果煮熟的南瓜含有大量水分，可以先在平底鍋中輕輕拌炒，以蒸發水分。南瓜建議在無水分的狀態下使用，以避免在混合鮮奶油時油水分離。推薦使用香甜鬆軟、含水量少的栗子南瓜。

15.
在散熱後的南瓜泥中加入細砂糖、鹽、玉米糖漿，並攪拌均勻。

16.

用微波爐加熱泡水後膨脹的吉利丁片，使其融化後，加入南瓜泥中攪拌混合。

17.

使用手持攪拌棒將南瓜磨得更細。

TIP 如果希望保留南瓜的咀嚼口感，可以在尚有明顯顆粒感的狀態下停止攪拌。

18.

將金色蘭姆酒加進去後輕輕拌勻。

19.

將鮮奶油放進另一個調理盆中，打發至舉起電動攪拌器時，鮮奶油的尾端柔順地彎起來的程度。

20.

將步驟19的一半打發鮮奶油，加進步驟18的南瓜泥中拌勻。

TIP 用刮刀從調理盆底部由下往上翻拌南瓜泥。

21.

加入剩餘的打發鮮奶油，以同樣方式翻拌均勻，即完成南瓜慕斯。

組合裝飾

22.

用盒子將充分冷卻的巧克力
蛋糕切成6片。

TIP 因為沒有添加麵粉，會比
較難切割。

23.

用刀子將剩下的巧克力蛋糕
切成9×3cm大小6片。

TIP 將切割好的巧克力蛋糕密
封冷凍保存，方便隨時取
出來製作。

24.

將切成盒子大小的巧克力蛋
糕裝進盒子中。

25.

將南瓜慕斯裝入擠花袋中，
填入至盒子高度的三分之一
左右。

26.

在中間放上切成9×3cm大小
的巧克力蛋糕。

27.

再用南瓜慕斯填滿至盒子高
度的三分之二。

28.

用矽膠刮刀將南瓜慕斯的頂部整平。

29.

準備抹面鮮奶油，裝入套上圓形花嘴（韓式195號）的擠花袋中，擠出紋路。

TIP　抹面鮮奶油的製作：將鮮奶油和細砂糖用電動攪拌器打至九分發、尾端呈柔順彎勾的程度。

30.

最後擺上烤南瓜片裝飾。

TIP　根據個人喜好，還可以加上一點開心果仁碎。

●裝飾用烤南瓜片的製作方法

 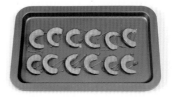

① 將南瓜切成薄片後，鋪排在烤盤上，再淋上蜂蜜。
② 放進預熱至165℃的烤箱中烤10分鐘，冷卻後即可使用。

FRAISIER

法式草莓芙蓮盒子蛋糕

製作法式芙蓮蛋糕（Fraisier）的時候，通常會使用以卡士達醬和奶油混合而成的「穆斯林奶油餡」，但為了讓口感變得更清爽，我在這裡改用以卡士達醬和打發鮮奶油混合而成的「外交官奶油餡」。因為是基本奶油餡，與水蜜桃、芒果、葡萄、櫻桃、無花果、葡萄柚、柳橙等多種當季水果搭配都合適，運用的範圍很廣又有彈性。在這裡示範的是使用大人小孩都喜愛的草莓製成的芙蓮蛋糕。

分量

長120×寬63×高70mm的盒子（XYB-1270）8個

保存方式

傑諾瓦士海綿蛋糕	冷凍2週	抹面前的蛋糕	冷藏1天
外交官奶油餡	當日用完	放上水果的成品	冷藏1天

Ingredients

傑諾瓦士海綿蛋糕
分量為46×34cm烤盤1個

雞蛋	248g
細砂糖	150g
低筋麵粉	135g
融化奶油	37g
牛奶	18g

外交官奶油餡

牛奶	515g
細砂糖A	50g
香草莢	2根
蛋黃	135g
細砂糖B	50g
玉米澱粉	40g
無鹽奶油	30g
鮮奶油	240g

抹面鮮奶油

鮮奶油	200g
細砂糖	16g

裝飾
草莓
食用香草

傑諾瓦士海綿蛋糕

1.

將雞蛋、細砂糖加進調理盆中，用打蛋器攪拌均勻。

2.

將調理盆隔水加熱，攪拌至細砂糖全部溶解、溫度達到45℃左右。

TIP　用手指觸摸蛋液時，不應該有細砂糖的顆粒觸感。如果隔水加熱用的熱水溫度太高，雞蛋會被煮熟，請同步確認溫度。

3.

待細砂糖全都溶解後，從熱水鍋中取出，用電動攪拌器以高速打發。

4.

打發至顏色變白時，轉成低速攪拌，讓氣泡更細緻。

5.

攪拌至提起攪拌器時，蛋糊會鮮明地呈現出如絲綢滑落的狀態。

6.

加入過篩的低筋麵粉，攪拌至毫無粉末殘留。

TIP　用刮刀將麵糊由調理盆底部往上翻拌均勻。

7.
先取一勺麵糊加進融化奶油和牛奶（約40℃）中攪拌。

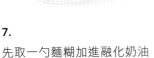

TIP　先將融化奶油和牛奶與部分麵糊混合，可以加速拌合，防止打發蛋液消泡。

8.
將步驟7再加入剩餘的麵糊中，快速地將麵糊由下往上翻拌。

9.
將麵糊倒入鋪有烘焙紙的烤盤上，均勻攤開。

10.
將麵糊均勻攤開後，將烤盤往桌面敲兩三次，以去除麵糊裡的氣泡。

11.
放進預熱至170℃的烤箱中，將溫度調降至160℃、烤12分鐘。

12.
將烤好的蛋糕體從烤盤上取出，保持貼著烘焙紙的狀態，放在散熱架上散熱。

外交官奶油餡

13.

將牛奶、細砂糖A和香草莢放入鍋中,加熱至鍋子邊緣起泡沸騰。

TIP 將香草莢縱向剖半,刮出香草籽。將香草籽連同外莢一起使用。

14.

將蛋黃和細砂糖B加入調理盆中,用打蛋器攪拌均勻。

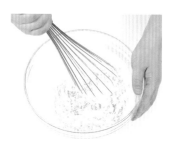

15.

加入玉米澱粉,攪拌至毫無粉末殘留。

TIP 玉米澱粉不會結塊,無需過篩。

16.

將步驟13慢慢倒入步驟15的調理盆中,同時攪拌均勻。

17.

接著過篩到鍋子中。

18.

用中火以上的火侯再次加熱,邊以打蛋器充分攪拌到產生黏性、進行糊化。

19.

待糊化後即可關火,再將無鹽奶油加進去攪拌均勻,卡士達醬就完成了。

20.

將卡士達醬倒至另一容器中,並墊著裝有冰塊水的調理盆降溫。然後用保鮮膜服貼住表面後,冷藏降溫至30℃以下。

21.

卡士達醬冷卻後,用電動攪拌器以低速輕輕攪拌開來。

22.

將鮮奶油打發成挺立狀態,倒入一半分量至卡士達醬中,攪拌均勻。

23.

將剩餘的打發鮮奶油全都加進去拌勻。

組合裝飾

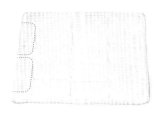

24.

用盒子將充分冷卻的傑諾瓦
士海綿蛋糕切成16片。

TIP 剩餘的蛋糕可以如虛線所
示,切下盒子一半的大小
後,將2片合併起來使用以
減少浪費。

25.

使用蛋糕分片器(或切片
棒),將傑諾瓦士海綿蛋糕
切割成1cm厚。

TIP 因為蛋糕的尺寸偏大,先
用盒子切割,再用分片器
來調整高度更為方便。
將切好的蛋糕密封冷凍保
存,需要使用時很方便。

26.

將一片切好的傑諾瓦士海綿
蛋糕放進盒子中。

27.

將切成兩半的草莓圍繞在盒
子的邊緣。

TIP 將草莓切面緊密貼合於內
壁,填入奶油餡後,外觀
才會顯得俐落整齊。

28.

在草莓之間的縫隙填入外交
官奶油餡,不要留下空隙。

29.

均勻地放上切成塊的草莓。

30.

將外交官奶油餡填充進去，
最後留下盒子高度1.5cm左
右的空間。

31.

再放入一片傑諾瓦士海綿蛋
糕，用手輕輕按壓，使其保
持水平。

TIP　放入蛋糕片後，盒子應保
　　　留0.5cm左右的空隙，才方
　　　便接下來使用蛋糕抹刀來
　　　抹上抹面鮮奶油。

32.

放上抹面鮮奶油後，使用蛋
糕抹刀均勻塗抹。

TIP　抹面鮮奶油的製作：將鮮
　　　奶油和細砂糖用電動攪拌
　　　器打至八分發、尾端微微
　　　挺立的狀態即可使用。

33.

用草莓裝飾表層即完成。

TIP　可以按照個人喜好，搭配
　　　各種食用香草來裝飾。

FRUIT MIX FRAISIER

綜合水果芙蓮盒子蛋糕

將法式芙蓮蛋糕的風味延伸至綜合水果口味,在盒子邊緣擺放五彩繽紛的當季水果,最頂層也以水果裝飾點綴。此款蛋糕所使用的蛋糕體和奶油餡,與法式草莓芙蓮盒子蛋糕(材料與作法參考p.79-85)相同,只要巧妙利用剩餘的零碎水果,就能做出風味多元的可口甜點。

How to make

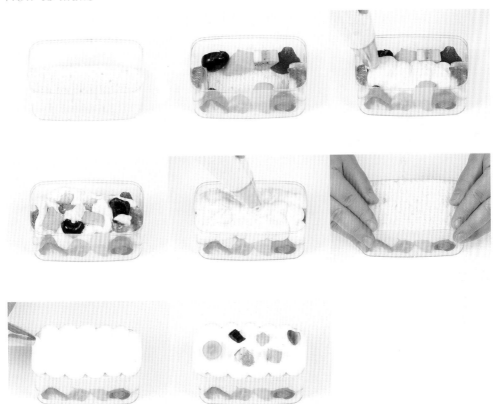

GRAPEFRUIT & PISTACHIO CAKE

葡萄柚開心果盒子蛋糕

由外酥內軟的達克瓦茲、香氣濃郁且口感軟黏的開心果慕斯、增添酥脆口感的酥粒，以及微苦清爽的葡萄柚完美結合而成的蛋糕。如果沒有葡萄柚，可用草莓、覆盆子、櫻桃或柳橙等帶有微微酸味的水果代替，一年四季都能享受不同風味的口感。

分量

長120×寬63×高70mm的盒子（XYB-1270）6個

保存方式

開心果達克瓦茲	冷凍2週	開心果慕斯	當日用完
開心果酥粒	冷凍2週	未放水果的蛋糕	冷藏2天、冷凍2週

*未烘烤的開心果酥粒，可冷凍保存1個月，需要時隨時取出使用。

		蛋糕完成品	冷藏2天

Ingredients

開心果達克瓦茲 份量為35×20cm大小		開心果酥粒		開心果慕斯	
蛋白	180g	無鹽奶油	45g	細砂糖	100g
細砂糖	45g	細砂糖	45g	水	50g
杏仁粉	100g	杏仁粉	45g	蛋黃	64g
糖粉	100g	低筋麵粉	45g	鮮奶油A	40g
開心果碎	15g	開心果碎	20g	吉利丁片	6g
				開心果醬	100g
		裝飾		鮮奶油B	360g
		葡萄柚			
		開心果仁			

開心果達克瓦茲

1.

將蛋白放入調理盆中,將細砂糖分成2～3次加入,用電動攪拌器打發至呈現挺立狀態的蛋白霜為止。

2.

將杏仁粉和糖粉過篩後,加入蛋白霜中拌勻。

TIP　用刮刀從調理盆底部由下往上翻拌麵糊。

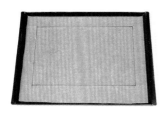

3.

將烘焙紙鋪在烤盤上。

TIP　事先在烘焙紙背面畫上35×20cm的長方形,更方便擠入麵糊。

4.

將麵糊裝入擠花袋,使用直徑1cm的圓形花嘴,以斜線方式依序擠在烘焙紙上的方框內。

5.

用篩網在麵糊上方撒上兩次糖粉(食譜以外的分量)。

TIP　整體撒上一次糖粉後,待糖粉滲入再撒一次。此步驟是為了在蛋糕體表面形成一層鎖住水分的膜,以烤出外酥內軟的口感。

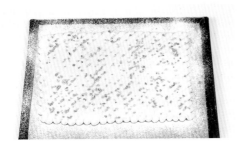 

6.

均勻撒上切碎的開心果後，放入預熱至180℃
的烤箱中，將溫度降至170℃、烘烤20分鐘。

7.

將烤好的開心果達克瓦茲從烤盤上取出，保
持貼著烘焙紙的狀態，放在散熱架上散熱。

開心果酥粒

8.

將無鹽奶油放置於室溫下回
軟後，用刮刀攪拌開來。

9.

加入細砂糖攪拌均勻。

10.

加入過篩的杏仁粉和低筋麵
粉，攪拌至毫無粉末殘留。

11.

再加入切碎的開心果攪拌均勻，使其呈現鬆軟的狀態。

12.

在烤盤上鋪上烘焙紙，將步驟11的麵團塊分散地鋪在烤盤紙上。

13.

放入預熱至180℃的烤箱中，將溫度調降至170℃、烘烤18分鐘，烤完後放涼。

開心果慕斯

14.

將吉利丁片浸泡冷水備用。

TIP 為了讓6g的吉利丁片膨脹後變成36g，請確實量好30g冷水使用。夏天可改浸泡冰塊水。

15.

將細砂糖和水加進鍋中，加熱至118℃，製成糖漿。

TIP 在糖漿溫度上升至118℃之前，應提前開始進行步驟16，兩者完成時間才會剛好搭配。

16.

將蛋黃加入調理盆中，用電動攪拌器以高速打發，直到顏色變白、體積呈現飽滿的狀態。

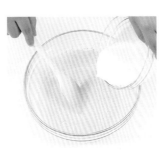

17.

將步驟15的糖漿慢慢倒入步驟16的調理盆中，同時攪拌均勻。

TIP　請留意在倒入糖漿時，不要讓糖漿接觸到攪拌器。

18.

拿出另一個調理盆，倒入鮮奶油A和步驟14泡水後膨脹的吉利丁片，在微波爐中加熱至吉利丁片融化。

19.

將步驟18加入步驟17的調理盆中，攪拌均勻。

20.

加入放置在室溫下回溫的開心果醬並攪拌均勻。

TIP　若直接使用從冰箱取出的冰冷開心果醬，可能會導致麵糊溫度急遽下降而結塊，請多加留意。

21.

將鮮奶油B打發至柔軟狀態，加入一半分量至步驟20中，將麵糊從調理盆底部往上翻拌均勻。

22.

加入剩餘的打發鮮奶油B並翻拌均勻。

組合裝飾

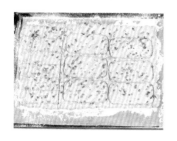

23.
用盒子將充分冷卻的開心果達克瓦茲切成6片。再用刀子將剩餘的開心果達克瓦茲切成9×3cm大小6片。

TIP　將切片的開心果達克瓦茲密封冷凍保存，需要時可立即使用很方便。

24.
將開心果酥粒裝入盒子中，每個盒子各裝30g。

TIP　若有較大塊的酥粒，可以先用手弄碎後再放入。

25.
將開心果慕斯裝入擠花袋中，填滿至盒子高度的三分之一左右。

TIP　如果希望開心果酥粒能長時間保持酥脆口感，請先將達克瓦茲放在酥粒的上層，再擠入慕斯。

26.
放上切成盒子大小的開心果達克瓦茲，用手輕輕按壓、調整好水平。

27.
再將開心果慕斯填滿至盒子高度的三分之二左右。

28.
中間放上切成9×3cm大小的開心果達克瓦茲。

29.

填入剩餘的開心果慕斯並且整平，然後冷凍30分鐘以上至凝固。

TIP 最上層要保留可以擺放葡萄柚和蓋上蓋子的空間。

30.

擺上去皮、切片的葡萄柚即完成。

TIP 根據個人喜好，也可以用開心果仁或其他食用香草來裝飾。

葡萄柚處理法

① 將葡萄柚清洗乾淨後，上下兩端的果皮切開。

② 將側面的果皮也切掉。

TIP 白色皮囊部分也要削除乾淨，才不會有苦味。

③ 避開果肉的纖維，將葡萄柚切片。

④ 將葡萄柚放在廚房紙巾上，吸除表面水分後再使用。

PEACH
TIRAMISU

蜜桃提拉米蘇盒

將帶有咖啡香與酒香的經典提拉米蘇，改造成桃子口味的提拉米蘇。桃子挑選水蜜桃、油桃都可以（本食譜使用油桃），運用同樣的食譜，以草莓代替桃子來製作也很適合。如果將傑諾瓦士海綿蛋糕浸泡於濃縮咖啡中，就會像是泡過咖啡液的手指餅乾，能夠感受到不同的風味與口感，也推薦各位試試看。

分量

長120×寬63×高70mm的盒子（XYB-1270）6個

保存方式

傑諾瓦士海綿蛋糕	冷凍2週	未放水果的蛋糕	冷藏2天、冷凍2週
糖漬蜜桃	冷藏5天、冷凍2週	蛋糕完成品	冷藏2天
馬斯卡彭起司慕斯	當日用完		

Ingredients

傑諾瓦士海綿蛋糕
分量為39×25cm烤盤1個

雞蛋	165g
細砂糖	100g
低筋麵粉	90g
融化奶油	25g
牛奶	12g

糖漬蜜桃

切好的油桃	500g
細砂糖	150g
香草莢	1/2根

水蜜桃利口酒　20g
(DIJON Peches)

裝飾

油桃
食用香草
鏡面果膠（冷果膠）

馬斯卡彭起司慕斯

吉利丁片	3g
細砂糖	60g
水	40g
蛋黃	92g
馬斯卡彭起司	250g

水蜜桃利口酒　12g
(DIJON Peches)

鮮奶油	180g

傑諾瓦士海綿蛋糕

1.

將雞蛋、細砂糖加進調理盆中，用打蛋器攪拌均勻。

2.

將調理盆隔水加熱，攪拌至細砂糖全部溶解、溫度達到45℃左右。

TIP 用手指觸摸蛋液時，不應該有細砂糖的顆粒觸感。如果隔水加熱用的熱水溫度太高，雞蛋會被煮熟，請同步確認溫度。

3.

待細砂糖全都溶解後，從熱水鍋中取下，用電動攪拌器以高速打發。

4.

打發至顏色變白時，轉成低速攪拌，讓氣泡更細緻。

5.

攪拌至提起攪拌器時，蛋糊會鮮明地呈現出如絲綢滑落的狀態。

6.

加入過篩的低筋麵粉，攪拌至毫無粉末殘留。

TIP 用刮刀將麵糊由調理盆底部往上翻拌均勻。

7.

先取一勺麵糊加進融化奶油
和牛奶（約40℃）中攪拌。

TIP　先將融化奶油和牛奶與部
　　　分麵糊混合，可以加快拌
　　　合，防止打發蛋液消泡。

8.

再加入剩餘的麵糊中，快速
地將麵糊由下往上翻拌。

9.

將麵糊倒入鋪有烘焙紙的烤
盤上，均勻攤開。

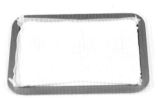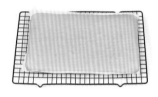

10.

將麵糊均勻攤開後，將烤盤
往桌面敲兩三次，以除去麵
糊裡的氣泡。

11.

放進預熱至170℃的烤箱
中，將溫度調降至160℃、
烤12分鐘。

12.

將烤好的蛋糕體從烤盤上取
出，保持貼著烘焙紙的狀
態，放在散熱架上散熱。

糖漬蜜桃

13.

將切成2cm方塊的油桃、細砂糖和香草莢加進鍋中，攪拌均勻。

TIP 將香草莢縱切剖半，刮出香草籽。將香草籽連同外莢一起使用。

14.

拌勻後，置於室溫中，直到細砂糖融化。

15.

以中火加熱至油桃果肉呈現半透明狀態，熄火放涼。

TIP 放涼期間，油桃可能會逐漸變爛，注意不要煮太久導致果肉散開。

馬斯卡彭起司慕斯

16.

放涼後，倒入水蜜桃利口酒並且攪拌均勻。

17.

過篩後，留下果肉使用。

TIP 過篩的蜜桃糖漿可用來製作蜜桃牛奶（作法參考p.197）。建議不要倒掉，放在冰箱保存。

18.

將吉利丁片浸泡冷水備用。

TIP 為了讓3g的吉利丁片膨脹後變成18g，請確實量好15g冷水使用。夏天時可改浸泡冰塊水。

19.

將細砂糖和水放入鍋中，加熱至118℃，製成糖漿。

TIP 在糖漿溫度上升到118℃之前，應提前開始操作步驟20，兩者完成時間才會剛好搭配。

20.

將蛋黃放入調理盆中，用電動攪拌器以高速打發，直到顏色變白、體積呈現飽滿的狀態。

21.

將步驟19的糖漿緩慢地倒入步驟20的調理盆中，同時攪拌均勻。

22.

將步驟18泡水後膨脹的吉利丁片微波融化，然後加入調理盆中拌勻。

23.

加入置於室溫中回軟的馬斯卡彭起司，攪拌均勻至毫無結塊。

24.

加入水蜜桃利口酒拌勻。

25.
將鮮奶油打發至柔順狀態，加入一半分量到步驟24中，用刮刀翻拌均勻。

26.
加入剩餘的打發鮮奶油並翻拌均勻。

27.
使用蛋糕分片器（或切片棒），將充分冷卻的傑諾瓦士海綿蛋糕切割成1cm厚。

28.
用盒子將傑諾瓦士海綿蛋糕切成6片。再用刀子將剩餘蛋糕切成9×3cm大小6片。

TIP 將切片的傑諾瓦士海綿蛋糕密封冷凍保存，需要時可立即使用很方便。

29.
每個盒子裝入50g冷卻後的糖漬蜜桃。

30.
放入切成盒子大小的傑諾瓦士海綿蛋糕。

31.
將馬斯卡彭起司慕斯裝入擠花袋，填滿至盒子高度的三分之一左右。

32.
中間放上切成9×3cm大小的傑諾瓦士海綿蛋糕。

33.
在每個盒子中央裝入20g的糖漬蜜桃。

34.
將馬斯卡彭起司慕斯擠入盒子中，上層保留1.5cm左右的空間。

35.
放進冰箱冷凍1小時至凝固。

36.
擺上切成薄片或塊狀的油桃後，抹上鏡面果膠即完成。

TIP 鏡面果膠除了增加光澤，能夠幫助水果保水，因此如果是要立刻食用，就不需要抹上鏡面果膠。根據個人喜好，也可以放上食用香草做裝飾。

TANGERINE & HOJICHA CAKE

柑橘焙茶盒子蛋糕

還記得我第一次製作這款蛋糕是在前往濟州島旅行的前一天，我當時小心翼翼地將蛋糕裝進保冰袋裡，在濟州島的海灘上拍了照。這款蛋糕是用濟州生產的焙茶和柑橘製作而成的。味道苦澀卻香氣四溢的焙茶和清爽的柑橘巧妙融合在一起，再加上扮演配角的甜蜜白巧克力，整體形成了極為融洽的口感。

分量

長120×寬63×高70mm的盒子（XYB-1270）6個

保存方式

焙茶蛋糕	冷凍2週	未放水果和巧克力的蛋糕	
柑橘柳橙庫利	冷凍2週		冷藏2天、冷凍2週
焙茶馬斯卡彭慕斯	當日用完	蛋糕完成品	冷藏2天

Ingredients

柑橘柳橙庫利
分量為18×9cm大小

柑橘	115g
柳橙	65g
細砂糖	37g
NH果膠	5g

焙茶蛋糕
分量為40×20cm大小

蛋黃	68g
細砂糖A	34g
蛋白	100g
細砂糖B	34g
低筋麵粉	30g
焙茶粉	5g
玉米澱粉	34g

焙茶馬斯卡彭慕斯

吉利丁片	4g
細砂糖	84g
水	40g
蛋黃	70g
牛奶	80g
焙茶粉	10g
馬斯卡彭起司	300g
鮮奶油	200g

焙茶糖漿

水	50g
細砂糖	25g
焙茶粉	3g
柳橙利口酒 (COINTREAU)	5g

裝飾

柑橘

白巧克力
(VALRHONA OPALYS
33%)

柑橘柳橙庫利

1.

將切成適當大小的柑橘、柳橙放入鍋中加熱。

TIP 也可以用金桔或瀨戶香蜜柑（Setoka）取代柑橘。

2.

煮到開始沸騰時，將提前攪拌在一起的細砂糖和NH果膠加進鍋中拌勻。

3.

再煮1分鐘左右，煮到質地變得黏稠後即可關火。

4.

用保鮮膜將18cm正方形慕斯圈的底部包住。

TIP 為了使用18cm正方形慕斯圈，在此製作的柑橘柳橙庫利是兩倍的分量。如果只做一次使用的量，則需要更小的模具。剩餘的庫利可以冷凍保存，需要時取出即可，相當方便。

5.

倒入煮好的柑橘柳橙庫利，將表面整平，放入冷凍庫。

6.

在冷凍庫冰凍後取出，切成9×3cm的大小備用。

TIP 建議可以提前一天製作好冷凍保存，使用起來更為方便。

焙茶蛋糕

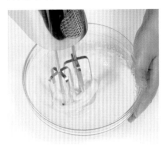

7.
將蛋黃、細砂糖A加進調理盆中，用電動攪拌器以高速打發至出現白色的泡沫。

8.
將蛋白、一部分的細砂糖B加進另一個調理盆中，用電動攪拌器以高速打發。

9.
將剩餘的細砂糖B分成2～3次加入，同時以高速打發。

10.
打發至舉起攪拌器時，蛋白霜尾端呈現短短的挺立狀態即可結束。

11.
將步驟10的一半蛋白霜加入步驟7當中，用刮刀由下往上翻拌均勻。

12.
倒入過篩的低筋麵粉、焙茶粉和玉米澱粉，攪拌至毫無粉末殘留。

TIP 用刮刀從調理盆底部由下往上翻拌麵糊。

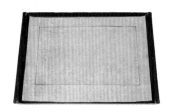

13.

將步驟10剩餘的蛋白霜倒入調理盆中，翻拌均勻。

14.

完成的麵糊成品跟一般的蛋糕麵糊相比，質地偏稀。

15.

將烘焙紙鋪在烤盤上。

TIP 事先在烘焙紙背面畫上40×20cm的長方形，擠入麵糊會更方便。

16.

將麵糊裝入擠花袋，使用直徑1cm的圓形花嘴，以斜線方式依序擠在烘焙紙的方框內。

TIP 將擠麵糊的間隔設定為1mm左右，可以烤出更漂亮的形狀。

17.

用篩網在麵糊上方撒上兩次糖粉（食譜以外的分量）。

TIP 整體撒上一次糖粉後，待糖粉滲入再撒一次。此步驟是為了在蛋糕體表面形成一層鎖住內部水分的膜，以烤出外酥內軟的口感。

18.
放入預熱至180℃的烤箱中,將溫度調降至170℃、烘烤10分鐘。

19.
將烤好的焙茶蛋糕從烤盤上取出,保持貼著烘焙紙的狀態,放在散熱架上散熱。

焙茶馬斯卡彭慕斯

20.
將吉利丁片浸泡冷水備用。

TIP 為了讓4g的吉利丁片膨脹後變成24g,請確實量好20g冷水使用。夏天時可改浸泡冰塊水。

21.
將細砂糖和水加進鍋中,加熱至118℃,製成糖漿。

TIP 在糖漿溫度上升至118℃之前,應提前開始進行步驟22,兩者完成時間才會剛好搭配。

22.
將蛋黃加入調理盆中,用電動攪拌器以高速打發,直到顏色變白、體積呈現飽滿的狀態。

23.
將步驟21的糖漿慢慢倒入步驟22的調理盆中，同時攪拌均勻。

24.
將焙茶粉倒入加熱過的牛奶中，充分拌勻。

25.
將步驟24焙茶牛奶加進步驟23的調理盆中並攪拌均勻。

26.
將步驟20泡水後膨脹的吉利丁片微波融化後，加進去攪拌均勻。

27.
將置於室溫中回軟的馬斯卡彭起司加進調理盆中，攪拌均勻。

28.
將鮮奶油打發至柔軟質地，加入一半分量到步驟27中，並翻拌均勻。

TIP　用刮刀從調理盆底部由下往上翻拌麵糊。

29.

將剩餘的打發鮮奶油加進去翻拌均勻。

焙茶糖漿

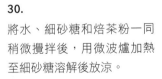

30.

將水、細砂糖和焙茶粉一同稍微攪拌後,用微波爐加熱至細砂糖溶解後放涼。

31.

將柳橙利口酒加進去拌勻。

TIP　這裡使用的是「君度(COINTREAU)」利口酒,也可以用「柑曼怡(GRAND MARNIER)」來取代。

組合裝飾

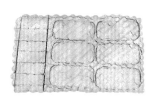

32.
用盒子將烤完放涼的焙茶蛋糕切成6片，再用刀子將剩餘蛋糕切成9×3cm大小6片。

TIP 將切割好的焙茶蛋糕密封後冷凍保存，方便隨時取出來製作。

33.
將切成盒子大小的焙茶蛋糕塗抹上焙茶糖漿。

34.
將浸溼糖漿的焙茶蛋糕放進盒子裡。

35.
將焙茶馬斯卡彭慕斯裝進擠花袋，填滿至盒子高度的三分之一左右。

36.
放上冰凍的柑橘柳橙庫利。

37.
再用焙茶馬斯卡彭慕斯稍微覆蓋表面。

38.

將切成9×3cm大小的焙茶蛋糕塗抹上焙茶糖漿後，放入盒子裡。

39.

填入焙茶馬斯卡彭慕斯，然後將表面整平。

TIP 上層要保留放柑橘和白巧克力、蓋上蓋子的空間。

40.

放進冰箱冷凍1小時至凝固。

41.

擺上去除白色內皮的柑橘片以及白巧克力屑即完成。

TIP 白巧克力屑是使用專用刨刀將板狀巧克力或塊狀巧克力刮屑製成。在這個食譜中，是先將調溫巧克力融化後製成方形塊狀，再使用刨刀刮屑。

YUJA & BLACK SESAME CAKE

黃金柚黑芝麻盒子蛋糕

這款蛋糕是以味道香濃的黑芝麻鮮奶油、清爽的黃金柚奶油醬（Crémeux），以及口感酥脆的黑芝麻杏仁蛋糕（Succès，一種與達克瓦茲有相似口感的蛋糕）組合而成，請務必品嚐看看！吃起來的味道很濃郁，推薦您搭配暖呼呼的穀物茶一起享用。

分量

直徑70×高80mm的圓筒狀盒子8個

保存方式

黑芝麻杏仁蛋糕	冷凍1個月	未放水果的蛋糕	冷藏2天、冷凍2週
黃金柚奶油醬	冷凍1個月		
黑芝麻鮮奶油	當日用完	蛋糕完成品	冷藏2天

Ingredients

黃金柚奶油醬
分量為8.5cm方形2個

吉利丁片	1.5g
黃金柚果泥	45g
蛋黃	28g
全蛋	35g
細砂糖	20g
無鹽奶油	35g
糖漬黃金柚	45g

黑芝麻杏仁蛋糕

蛋白	100g
細砂糖A	20g
牛奶	10g
杏仁粉	54g
糖粉	54g
細砂糖B	65g
黑芝麻粉	20g
黑芝麻	適量
融化的可可脂	適量

黑芝麻鮮奶油

吉利丁片	4g
鮮奶油A	300g
蛋黃	120g
細砂糖	90g
黑芝麻醬	100g
鮮奶油B	240g

裝飾

黑芝麻杏仁蛋糕
黃金柚奶油醬
糖漬黃金柚

黃金柚奶油醬

1.

將吉利丁片浸泡冷水備用。

TIP 為了讓1.5g的吉利丁片泡
水膨脹後變成9g，請確實
量好7.5g冷水使用。夏天
時可改浸泡冰塊水。

2.

將黃金柚果泥倒入鍋中，加
熱至溫熱狀態。

3.

將蛋黃、全蛋和細砂糖加進
調理盆中並輕輕拌勻。

4.

將步驟2的黃金柚果泥加進步
驟3的調理盆中攪拌。

5.

再次移到鍋子裡，以中火加
熱，同時充分攪拌。

6.

待溫度升至82℃時，再將
軟化、膨脹的吉利丁片加進
去，充分拌勻。

7.
等吉利丁片全部溶化後即可關火，再加入無鹽奶油和細切的糖漬黃金柚，用手持攪拌棒攪拌均勻。

8.
倒入方形模中，放進冰箱冷凍庫，使其完全冰凍。

TIP 這裡使用的容器是長 85 × 寬85 × 高63mm（XYB-305）盒子的蓋子。

9.
將冰凍的黃金柚奶油醬切成4等分，放回冰箱冷凍保存。

黑芝麻杏仁蛋糕

  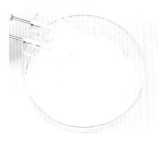

10.
將蛋白倒入調理盆中，將細砂糖A分成2～3次加入，同時用電動攪拌器打發。

11.
打發到蛋白霜的質地變得厚實時，再將牛奶加進去輕輕打發。

12.
打發至提起攪拌器時，蛋白霜尾端呈現挺立狀態即可。

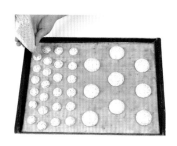

13.

將過篩的杏仁粉、糖粉、細砂糖B、黑芝麻粉事先拌勻，然後分成兩次倒入蛋白霜中，以刮刀拌勻。

TIP　用刮刀從調理盆底部由下往上翻拌麵糊。

14.

在烤盤上鋪上烘焙紙。

TIP　在烘焙紙下面鋪上畫了直徑5.5cm圓形的烘焙紙，能夠更方便擠出大小一致的麵糊。

15.

將麵糊裝入擠花袋中，擠出至少16個直徑5.5cm圓形（裝進盒子內時使用），以及更小顆的圓形（放在盒子上方裝飾時使用）。

TIP　此步驟使用的是直徑1cm的圓形花嘴。

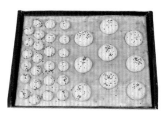

16.

在擠好的麵糊上撒黑芝麻。

17.

放進預熱至150℃的烤箱中，將溫度調降至130℃，烘烤1小時至烤乾。

TIP　小尺寸的麵糊只需烘烤約40分鐘。烤出爐後，將黑芝麻杏仁蛋糕放到散熱架上散熱。

黑芝麻鮮奶油

18.

將吉利丁片浸泡冷水備用。

TIP　為了讓4g的吉利丁片膨脹
後變成24g，請確實量好
20g冷水使用。夏天時可改
浸泡冰塊水。

19.

將鮮奶油A放入鍋中，加熱
到溫熱的狀態。

20.

將蛋黃、細砂糖加進調理盆
中並攪拌均勻。

21.

將黑芝麻醬加進去攪拌。

22.

將步驟19的熱鮮奶油慢慢倒
入步驟21的調理盆中，同時
攪拌均勻。

23.

再次移到鍋子裡，以小火加
熱並充分攪拌，使溫度上升
至82℃。

TIP　此食材的脂肪成分較多，
長時間煮可能會導致油水
分離，請多加留意。

24.

將步驟18泡水後膨脹的吉利丁片加進去並拌勻。

25.

等吉利丁片全都溶化後，再將調理盆隔著冰塊水降溫，使溫度冷卻至30℃以下。

26.

將鮮奶油B打發至柔順質地後加進去拌勻。

TIP 將鮮奶油打發至拉起時尾端會呈細長狀往下垂落、質地柔順的狀態。

組合裝飾

TIP 用刮刀從調理盆底部由下往上翻拌麵糊。

27.

將烤完放涼的黑芝麻杏仁蛋糕（大、小兩種）塗抹上薄薄一層的融化可可脂。

TIP 這是為了避免黑芝麻鮮奶油滲透進蛋糕中、導致質地變軟。如果製作完就要立刻吃，可省略此步驟。

28.

將塗抹上融化可可脂的黑芝麻杏仁蛋糕放進盒子中。

29.
將黑芝麻鮮奶油裝入擠花袋，填滿至盒子高度的三分之一左右。

30.
放上冰凍的黃金柚奶油醬。

31.
將黑芝麻鮮奶油填滿到盒子高度的二分之一左右。

32.
再放進一片塗抹上融化可可脂的黑芝麻杏仁蛋糕。

33.
保留盒子上層1.5cm高度的空間，其餘空間皆填入黑芝麻鮮奶油，然後將盒底在桌面上稍微敲幾下，使表面變得平整。放進冷凍庫冷凍1小時左右至凝固。

34.
最後放上裝飾用的小圓形黑芝麻杏仁蛋糕以及糖漬黃金柚即完成。

TIP 如果還有多餘的黃金柚奶油醬，也可以切小塊後擺上去做裝飾。

CHERRY & CHOCOLAT CAKE

櫻桃巧克力盒子蛋糕

提到櫻桃和巧克力的搭配，我們很容易聯想到那款經典的「黑森林蛋糕（forêt noire）」。但是，在這個食譜中，沒有額外添加細砂糖，而是單純運用黑巧克力、牛奶巧克力和鮮奶油製作出打發甘納許（Ganache Montée）。不甜不膩的香濃巧克力和櫻桃的甜味堪稱絕配。亦可以用覆盆子或草莓取代櫻桃來製作，口感也很搭。

分量

直徑70×高80mm的圓筒狀盒子6個

保存方式

巧克力傑諾瓦士海綿蛋糕	冷凍2週
甘納許	冷藏3天
未放水果的蛋糕	冷藏2天、冷凍2週
蛋糕完成品	冷藏2天

Ingredients

甘納許

⌐ 鮮奶油A	205g
⌐ 轉化糖漿	30g
⌐ 黑巧克力	50g
(VALRHONA CARAIBE 66%)	
⌐ 牛奶巧克力	40g
(VALRHONA JIVARA 40%)	
鮮奶油B	205g

巧克力傑諾瓦士海綿蛋糕
分量為直徑10cm圓形烤模3個

⌐ 雞蛋	210g
⌐ 細砂糖	110g
⌐ 鹽	0.5g
⌐ 低筋麵粉	85g
⌐ 可可粉	13g
⌐ 小蘇打	0.5g
⌐ 融化奶油	40g
⌐ 牛奶	15g

櫻桃糖漿

⌐ 細砂糖	50g
⌐ 水	75g
櫻桃利口酒	10g
(DIJON KIRSCH)	

裝飾

櫻桃	大約70顆

甘納許

1.

將鮮奶油A和轉化糖漿加進鍋中加熱。

TIP 若沒有轉化糖漿,也可以用玉米糖漿替代。

2.

加熱至鍋子邊緣起泡沸騰時即可關火。

3.

將煮熱的鮮奶油A倒入裝有黑巧克力和牛奶巧克力的調理盆中,靜置片刻。

TIP 此步驟是為了用鮮奶油的熱氣融化巧克力。

4.

使用刮刀從調理盆中央以同一個方向持續攪拌。

5.

加入冰涼狀態的鮮奶油B,用手持攪拌棒攪拌乳化。

6.

用保鮮膜緊密貼合表面後,放在冰箱冷藏靜置6小時到一天左右。

TIP 因為需要一段時間的靜置,建議提前一天製作。若沒有充分靜置,打發時可能會導致油水分離。

巧克力傑諾瓦士海綿蛋糕

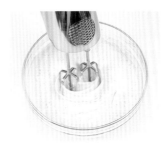

7.

將雞蛋、細砂糖和鹽加進調理盆中,用打蛋器拌勻。

8.

將調理盆隔水加熱,攪拌至細砂糖全部溶解、溫度達到45℃左右。

TIP 用手指觸摸蛋液時,不應該有細砂糖的顆粒觸感。如果隔水加熱用的熱水溫度太高,雞蛋會被煮熟,請同步確認溫度。

9.

從熱水鍋中取出調理盆,用電動攪拌器以高速打發至顏色變白、體積充分膨脹後,再轉為低速攪拌,讓氣泡更細緻。

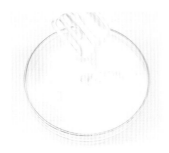

10.

打發至提起攪拌器時,蛋糊會呈現如絲綢柔順滑落的狀態即可。

11.

加入過篩的低筋麵粉、可可粉和小蘇打,從調理盆底部往上快速翻拌均勻。

TIP 由於可可粉擁有脂肪成分,可能會使泡沫消泡,因此翻拌的速度要快。

12.

先取一勺麵糊加進融化奶油和牛奶(約40℃)中攪拌。

TIP 先將融化奶油和牛奶與部分麵糊混合,可以加快拌合的速度,防止打發蛋液消泡。

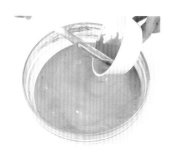

13.

再將步驟12加入剩餘的麵糊中，快速地翻拌均勻。

TIP　用刮刀從調理盆底部由下往上翻拌麵糊。

14.

將直徑10cm的圓形模具鋪上烘焙紙備用。

15.

將麵糊分別倒入三個模具中，放進預熱至180℃的烤箱中，再將溫度調降至165℃、烘烤20分鐘。

TIP　倒入麵糊後，將模具底部在桌面上敲兩三次，去除麵糊內部的氣泡。

櫻桃糖漿

16.

將烤好、出爐的蛋糕往桌面敲兩三次後脫模，保持貼著烘焙紙的狀態，放在散熱架上散熱。

17.

將細砂糖和水加入容器中，用微波爐加熱融化細砂糖，待冷卻後再混合櫻桃利口酒即可。

組合裝飾

18.
使用蛋糕分片器（或切片棒），將充分冷卻的巧克力傑諾瓦士海綿蛋糕切割成1cm厚度（一顆蛋糕切出4片，共12片）。

TIP 將切好的蛋糕密封冷凍保存，使用起來非常方便。

19.
用盒子將巧克力傑諾瓦士海綿蛋糕切成12份。

20.
在巧克力傑諾瓦士海綿蛋糕上塗抹櫻桃糖漿。

21.
將一片塗有櫻桃糖漿的巧克力傑諾瓦士海綿蛋糕放進盒子中。

22.
將櫻桃去籽、切成兩半，切面朝外、圍繞排放在盒子的邊緣。

TIP 必須讓櫻桃緊密貼合於盒子內壁，才能乾淨漂亮地填入鮮奶油。

23.
將靜置在冰箱的甘納許打發至質地柔軟、提起時尾端彎曲的程度。

24.

將打發甘納許裝入擠花袋中，填滿至盒子高度的三分之一左右。

TIP 將櫻桃之間的縫隙也填滿打發甘納許，盡可能不要留下空隙。

25.

放上2顆對切去籽的櫻桃。

26.

將打發甘納許填滿至盒子高度的二分之一左右。

27.

再放入一片浸溼櫻桃糖漿的巧克力傑諾瓦士海綿蛋糕，並用手輕輕壓平。

28.

將切成兩半的去籽櫻桃圍繞放在盒子的邊緣。

29.

將打發甘納許填滿到與櫻桃同樣高度。

  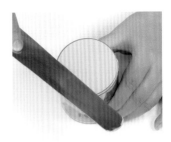

30.
放上2顆對切去籽的櫻桃。

31.
填入打發甘納許。

32.
用抹刀抹平表面。

33.
最後放上2顆帶有蒂頭的櫻桃
即完成。

LEMON
MADELEINE
CAKE

檸檬瑪德蓮蛋糕盒

此款盒子蛋糕放入了一整顆瑪德蓮，味道清爽宜人。如果您本身擁有店面並且在販售瑪德蓮，那麼這個食譜應用起來應該更加方便。我的咖啡店也有販賣填充檸檬凝乳的檸檬瑪德蓮，為了讓風格更加清爽且外觀更像蛋糕，我便使用了盒裝造型。您也可以多加運用黃金柚、柳橙、橘子等各種柑橘類水果，製作出風味多元的美味蛋糕。

分量

直徑70×高80mm的圓筒狀盒子6個

保存方式

檸檬瑪德蓮	冷凍2週	優格鮮奶油	需要立即使用
檸檬凝乳	冷藏3天、冷凍2週	蛋糕完成品	冷藏2天

Ingredients

檸檬瑪德蓮
分量為9個（檸檬造型烤模）

雞蛋	110g
細砂糖	90g
鹽	1g
蜂蜜	20g
低筋麵粉	110g
泡打粉	4.5g
融化奶油	120g
檸檬汁	15g
檸檬皮屑	4.5g

檸檬凝乳

雞蛋	165g
細砂糖	75g
檸檬汁	75g
香草莢	1/4根
無鹽奶油	75g

優格鮮奶油

鮮奶油	270g
細砂糖	30g
原味優格	270g

裝飾

乾燥檸檬片

檸檬瑪德蓮

1.

將雞蛋、細砂糖、鹽和蜂蜜加進調理盆中,用打蛋器稍微拌勻。

2.

將調理盆隔水加熱,攪拌至細砂糖全部溶解、溫度達到40℃左右。

TIP 用手指觸摸蛋液時,不應該有細砂糖的顆粒觸感。如果隔水加熱用的熱水溫度太高,雞蛋會被煮熟,請同步確認溫度。

3.

待細砂糖全都溶解,從熱水鍋中取出,用電動攪拌器以中速打發2～3分鐘左右,直到顏色變明亮。

4.

將過篩的低筋麵粉和泡打粉加進調理盆中,以低速拌勻。

5.

加入融化奶油(溫度40～60℃),以低速充分拌勻。

6.
將檸檬汁和檸檬皮屑加進去拌勻。

7.
在表面緊密貼上保鮮膜後,靜置於冰箱冷藏30分鐘。

8.
將冷藏後的麵糊攪拌均勻,再裝入擠花袋。

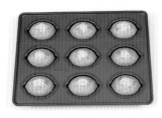

9.
使用檸檬造型的烤模,每一格擠入50g麵糊。

10.
放進預熱至180℃的烤箱,再將溫度調降至170℃、烘烤13分鐘。

TIP 烘烤7分鐘後,將烤模轉向再烤6分鐘。

11.
將出爐的檸檬瑪德蓮在烤模上稍微翻面,製造出縫隙讓氣體流動而散熱。

TIP 若將熱騰騰的瑪德蓮放在散熱架上散熱,會留下散熱網的痕跡,導致瑪德蓮外觀變得不好看。

檸檬凝乳

12.

將雞蛋、細砂糖、檸檬汁、香草莢加入鍋中攪拌均勻。

TIP 將香草莢縱切成一半，刮出香草籽，將香草籽連同外莢一起使用。加入香草莢的用途是為了去除雞蛋的腥味。

13.

以中火加熱，一邊攪拌，直到質地變得濃稠、中間咕嚕咕嚕冒出氣泡為止。

14.

將香草外莢取出後，加入無鹽奶油，攪拌均勻。

15.

關火後，再用手持攪拌棒充分拌勻。

16.

將表面用保鮮膜密封後，放進冰箱充分冷卻後再使用。

TIP 也可以使用柳橙、橘子、黃金柚等代替檸檬汁來製作凝乳。

優格鮮奶油

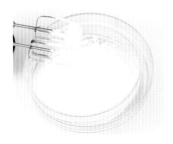

17.
將鮮奶油、細砂糖加入調理盆中，用電動攪拌器打發至質地堅硬的狀態（十分發）。

TIP 加入原味優格後，質地就會變稀，因此在這個步驟必須先打發成硬的狀態。

18.
將原味優格分成2～3次加進去攪拌。

19.
攪拌至提起鮮奶油時，尾端呈現輕微彎曲的柔軟狀態即可停止。

組合裝飾

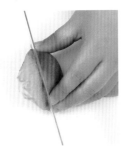

20.
將冷卻的瑪德蓮切成兩半。

TIP 為了能漂亮地擺放在盒子表層，請留意不要讓檸檬形狀受損。

21.
將有「凸肚臍」的那一半瑪德蓮切成適當大小、作為盒子裡的填充物，呈現圓潤感的另一半則放在蛋糕表層。

TIP 此食譜分量為6個盒子，所以只切割6個瑪德蓮放在蛋糕表層。剩下的瑪德蓮則切成適當大小、作為填充物使用。

22.
在每一個盒子裡裝入30g檸檬凝乳。

23.

把優格鮮奶油裝進擠花袋中，以一球一球的方式擠入盒子各處。

24.

放入4～6小塊切好的檸檬瑪德蓮。

25.

再次擠上優格鮮奶油。

26.

再放入4～6小塊切好的檸檬瑪德蓮。

27.

保留盒子3cm左右的高度，其餘剩下的空間都填滿優格鮮奶油，然後將表面整平。

TIP　如果在販賣時不打算將蓋子蓋上，則可以將優格鮮奶油填滿到剩下1cm左右的空間。

28.

保留盒子最上層1cm左右的高度，將剩下的空間都填入檸檬凝乳。

29.

往桌面輕輕敲幾下，使表面
變得平整。

30.

最後放上半個檸檬瑪德蓮即
完成。

TIP 可以根據個人喜好，放上
乾燥的檸檬片做裝飾。

SWEET
POTATO
CAKE

地瓜盒子蛋糕

我個人非常喜歡南瓜、馬鈴薯和地瓜,所以這次我要介紹的是用香甜地瓜製作的盒子蛋糕。因為盒子裡加了很多用地瓜、卡士達醬以及鮮奶油製成的地瓜慕斯,口感非常濃郁和厚實,和口感輕盈、一挖就開的蛋糕截然不同,非常推薦大家試試看。

分量

直徑70×高80mm的圓筒狀盒子5個

保存方式

傑諾瓦士海綿蛋糕	冷凍2週	尚未抹面的蛋糕	冷藏2天、冷凍2週
卡士達醬	立即使用	蛋糕完成品	冷藏2天
地瓜慕斯	立即使用		
蜜糖地瓜	冷凍2週		

Ingredients

傑諾瓦士海綿蛋糕
分量為39×25cm烤盤1個

雞蛋	165g
細砂糖	100g
低筋麵粉	90g
融化奶油	25g
牛奶	12g

卡士達醬 ●

牛奶	310g
細砂糖A	30g
香草莢	1根
蛋黃	80g
細砂糖B	30g
玉米澱粉	24g
無鹽奶油	18g

裝飾
蜜糖地瓜
黑芝麻

地瓜慕斯

煮熟的地瓜	500g
蜂蜜	42g
卡士達醬 ●	400g
鮮奶油	100g

抹面鮮奶油

鮮奶油	100g
細砂糖	8g
百加得金蘭姆酒 (BACARDI)	6g

蜜糖地瓜

水	500g
地瓜	150g
細砂糖	75g

糖漿

細砂糖	50g
水	75g
百加得金蘭姆酒 (BACARDI)	8g

傑諾瓦士海綿蛋糕

1.
將雞蛋、細砂糖加進調理盆中，用打蛋器攪拌均勻。

2.
將調理盆隔水加熱，攪拌至細砂糖全部溶解、溫度達到45℃左右。

TIP 用手指觸摸蛋液時，不應該有細砂糖的顆粒觸感。如果隔水加熱用的熱水溫度太高，雞蛋會被煮熟，請同步確認溫度。

3.
待細砂糖全都溶解，從熱水鍋中取出，用電動攪拌器以高速打發。

4.
打發至顏色變白時，轉成低速攪拌，讓氣泡更細緻。

5.
攪拌至提起攪拌器時，蛋糊會呈現出如絲綢滑落的柔順狀態。

6.
加入過篩的低筋麵粉，攪拌至毫無粉末殘留。

TIP 用刮刀將麵糊由調理盆底部往上翻拌均勻。

7.

先取一勺麵糊加進融化奶油
和牛奶（約40℃）中攪拌。

 TIP 先將融化奶油和牛奶與部
分麵糊混合，可以加快拌
合，防止打發蛋液消泡。

8.

再加入剩餘的麵糊中，快速
地將麵糊由下往上翻拌。

9.

將麵糊倒入鋪有烘焙紙的烤
盤上，均勻攤開。

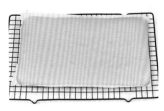

10.

將麵糊均勻攤開後，將烤盤
底部在桌面上敲兩三次，去
除麵糊內部的氣泡。

11.

放進預熱至170℃的烤箱，
再將溫度調降至160℃、烤
12分鐘。

12.

將烤好的蛋糕體從烤盤上取
出，保持貼著烘焙紙的狀
態，放在散熱架上散熱。

卡士達醬

13.
將牛奶、細砂糖A和香草莢加入鍋中，加熱至鍋子邊緣起泡沸騰。

TIP 將香草莢縱向剖半，刮出香草籽。將香草籽連同外莢一起使用。

14.
將蛋黃和細砂糖B加入調理盆中，用打蛋器攪拌均勻。

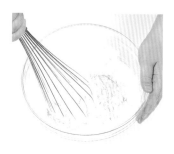

15.
加入玉米澱粉，攪拌至毫無粉末殘留。

TIP 玉米澱粉不會結塊，無需過篩。

16.
將步驟13慢慢倒入步驟15的調理盆中，同時攪拌均勻。

17.
接著過篩到鍋子中。

18.
用中火以上的火侯再次加熱，邊以打蛋器充分攪拌到產生黏性、進行糊化。

19.

待糊化後即可關火。再將奶油加進去攪拌均勻，卡士達醬就完成了。

20.

將卡士達醬倒至另一容器中，並隔著裝有冰塊水的調理盆降溫。

TIP 若卡士達醬在溫熱狀態下放置的時間過長，容易滋生細菌，因此請迅速降溫冷卻。

21.

用保鮮膜服貼住卡士達醬的表面後，放入冰箱冷藏，使溫度冷卻至30℃以下。

地瓜慕斯

22.

將煮熟後冷卻的地瓜，用電動攪拌器輕輕攪打開來。

TIP 將地瓜煮熟後趁熱去皮，待冷卻即可搗碎備用。

23.

加入蜂蜜拌勻。

TIP 亦可使用寡醣、玉米糖漿等來替代蜂蜜。如果使用的地瓜甜度高、水分多，不添加蜂蜜也可以。

24.

將冷卻後的卡士達醬分成2～3次加入調理盆中，同時攪拌均勻。

蜜糖地瓜

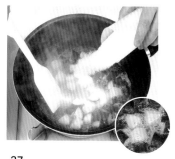

25.

將鮮奶油打發成尾端彎曲的柔軟狀態，然後分成2～3次加入調理盆中拌勻。

TIP 如果想要製作出質地更清爽的慕斯，可以提高鮮奶油的比例。

26.

將水、切成適當大小的地瓜放入鍋中，充分煮熟。

27.

等地瓜熟透後，再加入細砂糖燉煮。

TIP 煮到地瓜表面出現光澤、糖漿的分量減半時，即可關火。等冷卻後過篩，僅保留地瓜來使用。

組合裝飾

28.

用盒子將充分冷卻的傑諾瓦士海綿蛋糕切成10片。

TIP 用盒子裁切出8片後，再將剩餘的部分切成半圓形、合併使用（如圖所示）。將切割好的傑諾瓦士海綿蛋糕密封後冷凍保存，方便隨時取出來製作。

29.

將切割好的傑諾瓦士海綿蛋糕塗抹上糖漿。

TIP 此步驟所塗抹的糖漿，是在碗裡加入細砂糖和水，放進微波爐中加熱至細砂糖溶解，冷卻後再與百加得金蘭姆酒混合製成。

30.

將一片塗抹糖漿的傑諾瓦士海綿蛋糕裝進盒子裡。

31.
將地瓜慕斯裝入擠花袋中，填滿至盒子高度的三分之一左右。

32.
再放入一片塗抹糖漿的傑諾瓦士海綿蛋糕，用手輕輕按壓，使其變得平整。

33.
再填入地瓜慕斯至上層留下約2cm的高度後，用刮刀將表面整平。

34.
將打發好的抹面鮮奶油填入盒子最上層。

TIP　抹面鮮奶油的製作：將鮮奶油、細砂糖和百加得金蘭姆酒加進調理盆中，打至八分發、尾端微微挺立的狀態。

35.
將盒底輕敲桌面幾次，藉此弄平表面。

36.
最後放上蜜糖地瓜即完成。

TIP　也可以根據個人喜好，用黑芝麻做裝飾。

INJEOLMI & MUGWORT CAKE

黃豆粉艾草盒子蛋糕

這是一款充滿韓風味道和色彩的蛋糕。口感軟綿濕潤的艾草長崎蛋糕、香氣濃郁的黃豆粉雪球和艾草雪球，光是單吃就夠美味了。因此，除了盒子蛋糕外，也推薦大家彈性運用這份食譜，製作成其他類型的甜點來品嚐。

分量

長85×寬85×高63mm的盒子（XYB-305）6個

保存方式

艾草長崎蛋糕	冷凍2週	未撒黃豆粉的蛋糕	冷藏2天、冷凍2週
黃豆粉鮮奶油	當日用完		
艾草鮮奶油	當日用完	蛋糕完成品	冷藏2天

Ingredients

艾草長崎蛋糕
分量為18cm正方形烤模1個

全蛋	165g
蛋黃	20g
細砂糖	110g
玉米糖漿	30g
低筋麵粉	70g
艾草粉	20g
融化奶油	20g
牛奶	40g

黃豆粉鮮奶油

鮮奶油	400g
馬斯卡彭起司	100g
細砂糖	60g
炒過的黃豆粉	62g

艾草鮮奶油

鮮奶油	400g
馬斯卡彭起司	100g
細砂糖	65g
艾草粉	40g

裝飾

炒過的黃豆粉
黃豆粉雪球
艾草雪球

黃豆粉雪球 & 艾草雪球

無鹽奶油	120g
細砂糖	50g
低筋麵粉	120g
杏仁粉	60g
炒過的黃豆粉A	30g
糖粉A	100g
炒過的黃豆粉B	100g
糖粉B	150g
艾草粉	30g

艾草長崎蛋糕

1.
將全蛋、蛋黃、細砂糖、玉米糖漿加進調理盆中,用打蛋器攪拌均勻。

2.
將調理盆隔水加熱,攪拌至細砂糖全部溶解、溫度達到45℃左右。

TIP 用手指觸摸蛋液時,不應該有細砂糖的顆粒觸感。如果隔水加熱用的熱水溫度太高,雞蛋會被煮熟,請同步確認溫度。

3.
待細砂糖全都溶解後,從熱水鍋中取出,用電動攪拌器以高速打發。

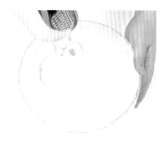

4.
打發至顏色變白時,再轉成低速攪拌,讓氣泡更細緻。

5.
攪拌至提起攪拌器時,蛋糊會呈現出如絲綢滑落的柔順狀態。

6.
加入過篩的低筋麵粉、艾草粉,攪拌至毫無粉末殘留。

TIP 用刮刀將麵糊由調理盆底部往上翻拌均勻。

7.

先取一勺麵糊加進融化奶油和牛奶（約40℃）中攪拌。

TIP 先將融化奶油和牛奶與部分麵糊混合，可以加快拌合，防止打發蛋液消泡。

8.

再加入剩餘的麵糊中，快速地將麵糊由下往上翻拌。

9.

在18cm的正方形烤模中鋪上烘焙紙備用。

TIP 為了避免蛋糕的側面收縮，建議只在底部鋪上烘焙紙，如圖所示。此外，為了避免麵糊從縫隙中流出，烤模外圍也建議固定一層烘焙紙。

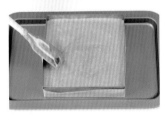

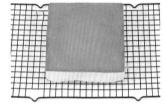

10.

將麵糊倒入鋪有烘焙紙的烤模中，均勻攤開。

11.

放進預熱至170℃的烤箱中，將溫度調降至160℃、烤28分鐘。

TIP 如果使用竹籤刺穿中央部分時，沒有黏著麵糊，就表示已經烤熟了。

12.

將烤好的蛋糕連同烤模整個翻面，放在散熱架上散熱。

TIP 等蛋糕充分冷卻後，即可除去烘焙紙。使用刀子貼合烤模、小心地將烤模與蛋糕分開，同時留意不要讓蛋糕破損。

黃豆粉鮮奶油

13.

將鮮奶油、馬斯卡彭起司、細砂糖、炒過的黃豆粉加進調理盆中，下方墊一個裝滿冰塊水的調理盆，用電動攪拌器以低速攪拌打發。

TIP　建議先手動輕輕拌勻後再用攪拌器打發，以防粉末噴散。

14.

打發至質地均勻柔順即可。

TIP　由於粉類食材的分量比較多，容易使麵糊質地變得粗糙，所以要以低速攪拌，在過程中請持續確認麵糊狀態。

艾草鮮奶油

15.

將鮮奶油、馬斯卡彭起司、細砂糖、艾草粉加進調理盆中，墊著裝滿冰塊水的調理盆，用電動攪拌器以低速攪拌打發。

TIP　建議先手動輕輕拌勻後再用攪拌器打發，以防粉末噴散。

16.

打發至質地均勻柔順即可。

黃豆粉雪球＆艾草雪球

17.
將事先置於室溫、呈現柔軟狀態的無鹽奶油加進調理盆中,輕輕攪拌開來。

18.
將細砂糖加進去後拌勻。

19.
加入過篩的低筋麵粉、杏仁粉、炒過的黃豆粉A,使用刮刀從中間縱切後,由底部往上翻,以切拌手法拌勻。

20.
持續切拌到毫無粉末殘留。

21.
將麵團捏小塊,搓成圓形。

TIP　雪球可以視個人喜好搓成不同大小,此食譜使用的分量為8g和4g。

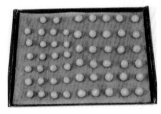

22.
放進預熱至180℃的烤箱,將溫度調降至170℃、烘烤16分鐘。

TIP　8g 的雪球烤16分鐘,4g的小雪球則烤12分鐘即可。

23.
將出爐的雪球充分冷卻。

24.
完全冷卻的雪球,可以按照個人口味喜好,放進黃豆糖粉（糖粉100g＋炒過的黃豆粉100g）或艾草糖粉（糖粉150g＋艾草粉30g）中滾動,使雪球沾滿粉末。

TIP　這兩種口味的雪球,單吃也很美味,可以單獨販售,亦可以作為其他甜點的裝飾食材。

組合裝飾

25.
使用蛋糕分片器（或切片棒）,將完全冷卻的艾草長崎蛋糕切割成1cm厚度。

26.
使用盒子將艾草長崎蛋糕切成12片。

TIP　將切割好的艾草長崎蛋糕密封後冷凍保存,方便隨時取出來製作。

27.
將一片切割好的艾草長崎蛋糕裝進盒子裡。

28.
將艾草鮮奶油裝入裝有圓形花嘴的擠花袋中，填滿至盒子高度的三分之一左右。

29.
再放上一片艾草長崎蛋糕，然後用手輕輕按壓，使其變得平整。

30.
接著用同樣的方式填入黃豆粉鮮奶油。

31.
用蛋糕抹刀將表面整平。

32.
均勻撒上一層黃豆粉。

33.
最後放上雪球餅乾即完成。

CHESTNUT
& MATCHA
MONT BLANC

栗子抹茶蒙布朗盒

栗子和抹茶的組合總是非常對味。就像其他的盒子蛋糕一樣,在吃這款蛋糕時,建議將湯匙直接挖到盒底,可以一口氣品嚐到苦澀不甜膩的抹茶打發甘納許(Ganache Montée),以及味道香甜的栗子鮮奶油。抹茶戚風出爐後,只要抹上鮮奶油,單吃也十分美味。

分量

長85×寬85×高63mm的盒子(XYB-305)6個

保存方式

抹茶戚風	冷凍2週	未加糖漬栗子的蛋糕	
抹茶甘納許	冷藏3天		冷藏2天、冷凍2週
栗子鮮奶油	冷藏3天	蛋糕完成品	冷藏2天

Ingredients

抹茶戚風
分量為44×32cm烤盤1個

蛋黃	80g
細砂糖A	36g
牛奶	80g
葡萄籽油	60g
蛋白	160g
細砂糖B	60g
低筋麵粉	75g
泡打粉	4g
抹茶粉	12g

抹茶甘納許

鮮奶油A	300g
白巧克力	142g
(VALRHONA OPALYS 33%)	
抹茶粉	27g
鮮奶油B	300g

餡料

整粒糖漬栗子	24個
細切糖漬栗子	120g

栗子鮮奶油

栗子醬	240g
黑蘭姆酒	11g
(BACARDI)	
鮮奶油	80g

裝飾

整粒糖漬栗子

食用金箔

抹茶甘納許

1.
將鮮奶油A倒入鍋中，加熱至60～70℃左右，直至鍋子邊緣起泡沸騰。

2.
將白巧克力用微波爐加熱、融化一半，再和抹茶粉一併放進調理盆中攪拌均勻。

3.
將步驟1的熱鮮奶油緩緩地倒入步驟2的調理盆中，同時攪拌均勻。

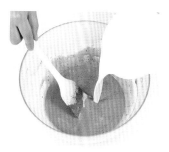

4.
慢慢倒入冰涼狀態的鮮奶油B，同時攪拌均勻。

TIP 此食譜加入了許多糖漬栗子，因此抹茶甘納許不添加細砂糖，保留苦澀的味道。也可以根據個人喜好添加糖或煉乳，讓味道變得更甜。

5.
用手持攪拌棒均質、乳化，消除粉末的結塊。

6.
用保鮮膜緊密貼合表面，在冰箱靜置6小時到一天左右。

TIP 因為需要一段時間的靜置，建議提前一天製作。若沒有充分靜置，打發時可能會導致油水分離。

抹茶戚風

7.
將蛋黃、細砂糖A加進調理盆中，用電動攪拌器以高速攪拌直到變白。

8.
將牛奶隔水加熱或微波到溫熱狀態後，加入步驟7，持續打發。

9.
將葡萄籽油加進去打發。

10.
將蛋白放入另一個調理盆中，細砂糖B分成2～3次加入，用電動攪拌器打發。

11.
打發至提起攪拌器時，蛋白霜尾端呈現小彎勾、柔軟的狀態即可停止。

12.
將一半的蛋白霜加進步驟9的調理盆中，以刮刀由下往上翻拌均勻。

13.

加入過篩的低筋麵粉、泡打粉、抹茶粉，翻拌至毫無粉末殘留。

TIP　用刮刀從調理盆底部由下往上翻拌麵糊。

14.

再加入剩餘的蛋白霜，快速地翻拌均勻，避免消泡。

15.

將麵糊倒入鋪有烘焙紙的烤盤上，將表面整平。

TIP　為避免麵糊的體積凹陷，請快速作業。

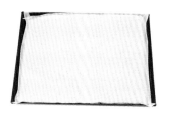

16.

放進預熱至170℃的烤箱，將溫度調降至160℃、烤12分鐘。

17.

將烤好的抹茶戚風從烤盤上取出，保持貼著烘焙紙的狀態，放在散熱架上散熱。為避免蛋糕體乾掉，先覆蓋一張烘焙紙，再充分散熱。

栗子鮮奶油

18.
將栗子醬、黑蘭姆酒加進調理盆中，用電動攪拌器攪打至無結塊。

19.
將鮮奶油放入另一個調理盆中，用電動攪拌器打發至質地柔順、尾端挺立的狀態。

20.
將打發好的鮮奶油分成2～3次加入步驟18中攪拌。

21.
攪拌至質地堅固、可以擠花的程度即可收尾。

TIP　栗子鮮奶油完成的軟硬度，必須是可以用花嘴擠出明顯的形狀。

組合裝飾

22.

用盒子將充分冷卻的抹茶戚風切成12片。

TIP 將切割好的抹茶戚風密封冷凍保存，方便隨時取出來製作。

23.

將一片切割好的抹茶戚風裝進盒子中。

24.

將切成兩半的糖漬栗子，切面朝外、圍繞在盒子周圍。

TIP 必須讓糖漬栗子緊密貼合於盒子內壁，才能乾淨俐落地填入鮮奶油。

25.

將靜置於冰箱的抹茶甘納許取出，打發成柔順的質地。

TIP 抹茶甘納許的質地很快就會變得粗糙，因此作業時要以低速慢慢打發，同時確認鮮奶油的狀態。

26.

將抹茶打發甘納許填滿至盒子的二分之一高度。

27.
放上20g切成適當大小的糖漬栗子。

28.
將抹茶打發甘納許填充進去,留下盒子高度1.5cm左右的空間。

29.
再放上一片抹茶戚風後,用手輕輕壓平。

30.
使用寬扁的單排鋸齒狀花嘴(韓式花嘴895號),平行擠上栗子鮮奶油。

31.
再擠上一層栗子鮮奶油。

TIP 總共擠上兩層。

32.
最後放上一顆完整的糖漬栗子即完成。

TIP 按照個人喜好,可以放上食用金箔做裝飾。

COCONUT &
MANGO CAKE

椰香芒果盒子蛋糕

味道濃郁的當季芒果、香氣瀰漫的椰子,搭配清爽的百香果,共組成
和諧的熱帶風味。這是一款特別適合在炎熱夏天品嚐的冰涼甜點。

分量

長85×寬85×高63mm的盒子(XYB-305)6個

保存方式

椰子杏仁蛋糕	冷凍2週	未放芒果的蛋糕	冷藏2天、冷凍2週
百香果焦糖	冷藏5天、冷凍2週	蛋糕完成品	冷藏1天
芒果鮮奶油	當日用完		

Ingredients

椰子杏仁蛋糕
分量為46×34cm烤盤1個

杏仁粉	100g
雞蛋	220g
細砂糖A	35g
低筋麵粉	40g
糖粉	45g
椰子粉	20g
蛋白	120g
細砂糖B	32g
融化奶油	32g
椰子粉	適量

百香果焦糖

百香果果泥	90g
芒果果泥	60g
玉米糖漿	8g
細砂糖	40g
無鹽奶油	50g

芒果鮮奶油

吉利丁片	7g
芒果果泥	432g
細砂糖	86g
檸檬汁	21g
鮮奶油	216g

裝飾

芒果

食用香草

萊姆皮屑

椰子杏仁蛋糕

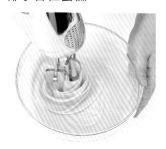

1.

將過篩的杏仁粉、雞蛋、細砂糖A加進調理盆中,用電動攪拌器以高速打發,直到出現白色的泡沫。

2.

加入過篩的低筋麵粉、糖粉和椰子粉,持續打發到毫無粉末殘留。

3.

將蛋白放入另一個調理盆中,將細砂糖B分成2～3次倒入,同時以高速打發。

4.

打發至提起攪拌器時,蛋白霜尾端呈現短短的挺立狀態即可。

5.

將蛋白霜分成2次倒入步驟2的調理盆中翻拌均勻。

6.

先取一勺麵糊加進融化奶油(約40℃)中攪拌。

TIP 先將融化奶油與部分麵糊混合,可以加快拌合的速度、防止消泡。

7.
再加入剩餘的麵糊中,快速將麵糊由下往上翻拌。

8.
將麵糊倒入鋪有烘焙紙的烤盤上,用刮板將表面整平。

9.
在表面均勻撒上椰子粉。

10.
放進預熱至190℃的烤箱,將溫度調降至180℃、烤10分鐘。

11.
將烤好的蛋糕從烤盤取出,保持貼著烘焙紙的狀態,放在散熱架上散熱。為避免蛋糕體乾掉,先覆蓋一張烘焙紙,再充分散熱。

百香果焦糖

12.
將百香果果泥、芒果果泥、
玉米糖漿放入碗中，用微波
爐加熱至溫熱狀態備用。

13.
將細砂糖分次緩慢加入鍋中
加熱，使其焦糖化。

TIP 一邊旋轉鍋子一邊加熱，
使其均勻地焦糖化。

14.
等煮到整鍋都呈現褐色時，
再分次慢慢倒入步驟12的果
泥糖漿，同時攪拌均勻。

TIP 此時鍋中的焦糖非常燙，
操作時請多加留意。

15.
準備一個有深度的容器，放
入冰涼的無鹽奶油以及步驟
14的焦糖，用手持攪拌棒均
質、乳化。

16.
用保鮮膜緊密貼合表面，靜
置冷卻。

芒果鮮奶油

17.

將吉利丁片浸泡冷水備用。

TIP　為了讓7g的吉利丁片膨脹後變成42g，確實量好35g冷水使用。夏天時可改浸泡冰塊水。

18.

將芒果果泥、細砂糖和檸檬汁倒入鍋中，持續加熱直到細砂糖溶解。

19.

加入泡水後膨脹的吉利丁片，加熱直到溶化為止。

20.

移到調理盆中，下面墊著裝冰塊水的容器降溫，使其冷卻至溫度30℃以下。

21.

將鮮奶油打發至柔軟狀態，加入一半分量到步驟20的調理盆中，攪拌均勻。

22.

再加入剩餘的打發鮮奶油並攪拌均勻。

組合裝飾

23.

用盒子將充分冷卻的椰子杏仁蛋糕切成12片。

TIP 將切割好的椰子杏仁蛋糕體密封後冷凍保存，方便隨時取出來製作。

24.

將一片切割好的椰子杏仁蛋糕裝入盒子裡。

25.

將芒果鮮奶油裝入擠花袋中，填滿至盒子高度的三分之一左右。

26.

再放上一片椰子杏仁蛋糕後，用手輕輕壓平。

27.

填入芒果鮮奶油，保留盒子高度1cm左右的空間。

28.

盒底在桌面輕輕敲幾下，藉此將表面整平。

29.

放進冰箱，冷凍1小時左右至
凝固。

30.

凝固後，在每一個盒子填入
35g的百香果焦糖。

31.

最後放上切成適當大小的新
鮮芒果即完成。

TIP 可以擺上食用香草或撒一
點萊姆皮屑做裝飾。

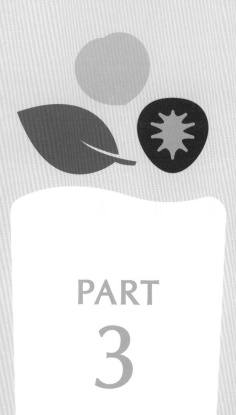

PART

3

BOTTLE

瓶裝飲品

BEVERAGE

STRAWBERRY MILK

草莓牛奶

我小時候真的很喜歡超市賣的草莓牛奶。用新鮮草莓製成的手工草莓牛奶又會有多美味呢？將草莓濃縮液、牛奶和新鮮草莓攪拌均勻後品嚐看看吧！甜蜜的新鮮滋味將會在嘴巴裡瀰漫開來。這可是在小孩子們之間人氣滿點的飲品。

分量
寬85×高136mm的瓶子（350ml扁平塑膠瓶）4個

保存方法
冷藏2天

 Ingredients

草莓	450g
細砂糖	150g
切小丁的草莓	200g
牛奶	大約900g

1.

將草莓和細砂糖加進調理盆中,用手持攪拌棒攪打成草莓濃縮液。

2.

倒入鍋中,以小火加熱,直到細砂糖全都溶化,再關火靜置、充分散熱。

3.

在每一個瓶子中裝入140g草莓濃縮液。

4.

接著倒入牛奶（每瓶約225g）。

TIP 當草莓濃縮液和牛奶混合時，草莓的酸
會與牛奶中的蛋白質相遇，使質地變得
像優格一樣黏稠。請將瓶子傾斜，小心
地倒入牛奶，避免牛奶與草莓濃縮液混
合在一起，這樣才會形成漂亮的層次。

5.

每個瓶子皆放入50g的草莓丁。

6.

貼上封口膜、蓋上瓶蓋即完成。

TIP 草莓濃縮液的分量可根據個人喜好進行
調整。飲用前請搖勻。

PEACH

MILK

蜜桃牛奶

在製作「蜜桃提拉米蘇盒」時會使用到糖漬蜜桃（參考p.104），我在思考如何運用剩餘的蜜桃糖漿時，開發出了這一款飲品。除了油桃之外，使用口感清脆的白桃來製作也很美味。

分量

寬85×高136mm的瓶子（350ml扁平塑膠瓶）4個

保存方法

冷藏2天

 Ingredients

糖漬蜜桃的糖漿（參考p.104）	480g
糖漬蜜桃的果肉（參考p.104）	80g
切小丁的油桃	200g
牛奶	大約900g

1.

參考p.104的步驟13～17，製作糖漬蜜
桃。然後過篩，將糖漿與果肉分開。

2.

使用手持攪拌棒，攪打過篩後的糖漿
480g以及果肉80g成蜜桃濃縮液，然後在
每一個瓶子中裝入140g。

3.

接著倒入牛奶（每瓶約225g）。

TIP　當蜜桃濃縮液與牛奶混合時，桃子的酸
　　　會與牛奶中的蛋白質相遇，使質地變得
　　　像優格一樣黏稠。可以將瓶子傾斜，小
　　　心地倒入牛奶，避免牛奶與蜜桃濃縮液
　　　混合在一起，才會形成漂亮的層次。

4.

每個瓶子皆放入50g的油桃丁。

5.

貼上封口膜、蓋上瓶蓋即完成。

TIP　蜜桃濃縮液的分量可根據個人喜好進行
　　調整。飲用前請搖勻。

MILK TEA

鮮奶茶

這是我非常喜歡也很常喝的鮮奶茶。將食材加進去攪拌後，只要靜置一陣子就能完成，是一款非常簡單、任何人都可以輕鬆製作出來的飲品。這道食譜的重點在於「將茶葉粉過濾後，做出乾淨爽口的飲品」。使用的紅茶葉種類不限，不管是格雷伯爵、阿薩姆還是大吉嶺，只要使用自己喜歡的紅茶即可。也可以混合兩種以上的茶葉，完成專屬自己的特色鮮奶茶。

分量
寬85×高136mm的瓶子（350ml扁平塑膠瓶）4個

保存方法
冷藏3天

Ingredients

牛奶	1800g
細砂糖	100g
海鹽	1g
格雷伯爵茶葉	80g

此食譜使用的是英國泰勒茶約克夏金牌紅茶（TAYLORS OF HARROGATE YORKSHIRE GOLD）。

1.

將牛奶、細砂糖、海鹽、格雷伯爵茶葉
加入調理盆中,輕輕攪拌均勻。

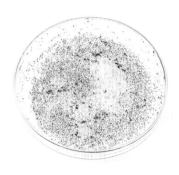

2.

用保鮮膜將調理盆密封後,放入冰箱冷
藏浸泡24小時以上。

3.

冷藏過後取出,進行第一次過篩。

4.

使用濾紙再次過篩後,將鮮奶茶裝入瓶
子中,貼上封口膜、蓋上瓶蓋即完成。

歡迎來訪張恩英的咖啡廳，
享用精心製作的美味甜點！

Cafe Jangssam (카페장쌤) 弘大店
地址：首爾市麻浦區臥牛山路29 ma街5號1樓
（서울특별시 마포구 와우산로29마길 5 1층）
營業時間：上午12點～晚上9點
休息日：無定休日

Cafe Jangssam (카페장쌤) 一山馬頭店
地址：京畿道高陽市一山東區京義路403-112號1樓
（경기도 고양시 일산동구 경의로 403-112 1층）
營業時間：上午11點～晚上7點
休息日：每週三

📷 @jangssamcafe

台灣廣廈 國際出版集團
Taiwan Mansion International Group

國家圖書館出版品預行編目（CIP）資料

盒子甜點【分層全圖解】：第一本多層次盒子蛋糕＆水果
奶酪杯專書！從蛋糕體烘焙、內餡製作到組合裝飾，簡單
做出團購秒殺級美食！/ 張恩英著. -- 初版. -- 新北市：臺
灣廣廈有聲圖書有限公司, 2023.08
　　面；　公分
　　ISBN 978-986-130-591-2(平裝)
　　1.CST：點心食譜

427.16　　　　　　　　　　　　　　112010101

台灣
廣廈

盒子甜點【分層全圖解】

第一本多層次盒子蛋糕＆水果奶酪杯專書！從蛋糕體烘焙、內餡製作到組合裝
飾，簡單做出團購秒殺級美食！

作　　　者／張恩英	編輯中心編輯長／張秀環・編輯／許秀妃
譯　　　者／余映萱	封面設計／張家綺・內頁排版／菩薩蠻數位文化有限公司
	製版・印刷・裝訂／東豪・弼聖・秉成

行企研發中心總監／陳冠蒨　　　　線上學習中心總監／陳冠蒨
媒體公關組／陳柔並　　　　　　　數位營運組／顏佑婷
綜合業務組／何欣穎　　　　　　　企製開發組／江季珊

發　行　人／江媛珍
法 律 顧 問／第一國際法律事務所 余淑杏律師・北辰著作權事務所 蕭雄淋律師
出　　　版／台灣廣廈
發　　　行／台灣廣廈有聲圖書有限公司
　　　　　　地址：新北市235中和區中山路二段359巷7號2樓
　　　　　　電話：（886）2-2225-5777・傳真：（886）2-2225-8052

代理印務・全球總經銷／知遠文化事業有限公司
　　　　　　地址：新北市222深坑區北深路三段155巷25號5樓
　　　　　　電話：（886）2-2664-8800・傳真：（886）2-2664-8801
郵 政 劃 撥／劃撥帳號：18836722
　　　　　　劃撥戶名：知遠文化事業有限公司（※單次購書金額未達1000元，請另付70元郵資。）

■出版日期：2023年08月
ISBN：978-986-130-591-2　　　版權所有，未經同意不得重製、轉載、翻印。